木质纤维素的碱性纯化理论与技术

李建国◎著

中国林业出版社

图书在版编目(CIP)数据

木质纤维素的碱性纯化理论与技术 / 李建国著.
北京：中国林业出版社，2024.8. -- ISBN 978-7-5219-2791-7

Ⅰ.TQ352.6
中国国家版本馆 CIP 数据核字第 2024DQ9962 号

策划编辑：陈 惠
责任编辑：陈 惠

出版发行：中国林业出版社
　　　　　（100009，北京市西城区刘海胡同7号，电话 83143614）
电子邮箱：cfphzbs@163.com
网　址：https://www.cfph.net
印　刷：北京中科印刷有限公司
版　次：2024年8月第1版
印　次：2024年8月第1次印刷
开　本：787mm×1092mm　1/16
印　张：8.25
字　数：200千字
定　价：58.00元

前 言

纤维素主要通过植物细胞的光合作用形成，是植物纤维的主要组成成分。纤维素作为十分丰富的天然原料，具有来源广泛、可再生、可降解、绿色环保的特征和优势，成为取之不尽用之不竭、人类最为宝贵的生物质资源。纤维素很早就受到世界各国人们的青睐和重视，已经成为重要的工业原料和生产资料，极大地支持着人类的生活和生产。

植物纤维的化学组分包括纤维素、半纤维素和木质素等，半纤维素和木质素具有与纤维素不同的分子特征、晶体结构以及物化特性，严重影响纤维素的品质、性能和利用。通过有效去除植物纤维中的半纤维素和木质素等化学组分，可以制备高纯度的纤维素（工业界也称其为溶解浆），并进一步开发设计先进的纤维素产品及其衍生品，广泛应用于造纸、食品、生物制药、日化、化工、能源、环境以及建材等众多领域。

本书系统介绍了木质纤维素的碱性纯化理论与技术，综述了高纯度纤维素（高纤维素含量的溶解浆）制备的国内外研究现状、存在的问题与发展趋势，阐述了纤维素的碱性精炼新技术及其强化途径和策略，研究了纤维素的冷碱纯化机制和控制因素，并耦合化学处理、机械处理、生物处理及微波处理等建立新型的纤维素碱性纯化策略。本书共分为6章，包括综述、纤维素纤维的冷碱抽提纯化机制和历程研究、耦合化学处理的冷碱抽提纯化技术、耦合机械处理的冷碱抽提纯化技术、耦合纤维素酶处理的冷碱抽提纯化技术、耦合微波辐射处理的碱抽提纯化技术。

本书综合了作者近年来有关木质纤维素绿色纯化研究的相关成果，以大量的实验数据和研究分析为支撑材料，兼具理论性和实用性。本书适用于从事纤维素生产的科学研究、生产、销售、检测等工作的研发人员、生产人员、工程技术人员、检测人员等查阅，也可供高等院校、科研院所和企事业单位从事相关专业领域的研究人员学习参考。

本书参考引用了许多国内外相关资料，陈礼辉教授、黄六莲教授、倪永浩教授、马晓娟教授、苗庆显教授和段超教授等提供了重要帮助，中国林业出版社给予了大力支持。本

前　言

书的研究工作得到"十四五"国家重点研发计划课题项目（2023YFD22019）、国家自然科学基金项目（32271976、32371978）及福建省引导性项目（2023H0008）等的资助，在此一并致以诚挚的谢意！

由于笔者水平有限，书中错误和不妥之处在所难免，希望读者批评指正。

著　者

2024年7月

目 录

前 言

1 综 述 ………………………………………………………………………… 1
  1.1 研究背景 ……………………………………………………………… 1
  1.2 纤维素纤维的生产和应用 …………………………………………… 2
    1.2.1 植物纤维原料的化学组成 ……………………………………… 2
    1.2.2 纤维素纤维的生产 ……………………………………………… 7
    1.2.3 纤维素纤维的主要产品 ………………………………………… 11
    1.2.4 纤维素纤维的市场 ……………………………………………… 19
  1.3 纤维素纤维的性能指标 ……………………………………………… 20
    1.3.1 纤维素纤维的化学纯度 ………………………………………… 20
    1.3.2 纤维素纤维的反应性能 ………………………………………… 22
    1.3.3 纤维素纤维的黏度和聚合度 …………………………………… 23
  1.4 纤维素纤维的精炼纯化技术 ………………………………………… 24
    1.4.1 纤维素纤维的碱性纯化技术 …………………………………… 24
    1.4.2 纤维素纤维的酶纯化技术 ……………………………………… 26
    1.4.3 纤维素纤维的其他纯化技术 …………………………………… 27
  1.5 纤维素纤维的溶解技术 ……………………………………………… 28
    1.5.1 纤维素纤维的分子结构 ………………………………………… 28
    1.5.2 纤维素纤维的溶解策略 ………………………………………… 31
  1.6 纤维素纤维的先进功能材料 ………………………………………… 35
    1.6.1 纤维素力学材料 ………………………………………………… 35
    1.6.2 纤维素导电材料 ………………………………………………… 37

  1.6.3　纤维素光管理材料 …… 40
  1.6.4　纤维素热管理材料 …… 43
  1.6.5　纤维素分离材料 …… 44
  1.6.6　纤维素医用材料 …… 46
  1.6.7　纤维素小分子化合物 …… 47

2　纤维素纤维的冷碱抽提纯化机制和历程研究 …… 48
 2.1　实验材料 …… 48
 2.2　实验方法 …… 49
  2.2.1　纤维素纤维的冷碱抽提纯化 …… 49
  2.2.2　纤维素纤维的性质分析 …… 49
 2.3　结果与讨论 …… 51
  2.3.1　处理时间对半纤维素组分溶出效率的影响 …… 51
  2.3.2　半纤维素组分的溶出历程分析 …… 53
  2.3.3　半纤维素组分的冷碱溶出机制及影响因素 …… 58
 2.4　小　结 …… 59

3　耦合化学处理的冷碱抽提纯化技术 …… 61
 3.1　聚乙二醇强化冷碱抽提纯化策略 …… 61
  3.1.1　实验材料与方法 …… 61
  3.1.2　结果与讨论 …… 62
  3.1.3　小　结 …… 67
 3.2　尿素强化冷碱抽提纯化策略 …… 67
  3.2.1　实验材料与方法 …… 68
  3.2.2　结果与讨论 …… 68
  3.2.3　小　结 …… 74

4　耦合机械处理的冷碱抽提纯化技术 …… 75
 4.1　机械筛分强化冷碱抽提纯化策略 …… 75
  4.1.1　实验材料与方法 …… 75
  4.1.2　结果与讨论 …… 76
  4.1.3　小　结 …… 83
 4.2　机械磨浆强化冷碱抽提纯化策略 …… 84
  4.2.1　实验材料与方法 …… 84
  4.2.2　结果与讨论 …… 86
  4.2.3　小　结 …… 91

5 耦合纤维素酶处理的冷碱抽提纯化技术 92
5.1 实验材料 92
5.2 实验方法 92
5.3 结果与讨论 93
5.3.1 纤维素纤维的化学成分 93
5.3.2 纤维素纤维的形态特征 94
5.3.3 半纤维素组分的溶出效率 96
5.3.4 纤维素纤维的纯度 98
5.4 小　结 99

6 耦合微波辐射处理的碱抽提纯化技术 100
6.1 微波辐射处理强化碱抽提纯化策略 100
6.1.1 实验材料与方法 100
6.1.2 结果与讨论 101
6.1.3 小　结 106
6.2 微波辐射处理提升纤维素纤维的反应性能 107
6.2.1 实验材料与方法 107
6.2.2 结果与讨论 108
6.2.3 小　结 112

参考文献 113

1 综 述

1.1 研究背景

林木纤维的纤维素(cellulose)主要通过植物细胞的光合作用形成,是植物林木纤维的主要组成成分,其合成量约为 1.5×10^4 亿 t/年。纤维素纤维作为地球上最丰富的天然原料,很早就受到世界各国人们的青睐和重视,用来生产纸张、衣服和渔网等生活和工业用品。尤其近些年,世界石油资源的短缺、地区动乱对石油资源的不利影响以及民众环保意识的提高,世界各国都已经强烈地意识到寻找可替代石化基原料的自然资源的重要性和迫切性。纤维素是一种可以持续获取的天然绿色原料,它已经进入世界各国科研工作者的视野,成为一种可能且可以代替石油作为人民生活和工业生产的天然资源。纤维素及其衍生物的相关研究已经成为新型且热门的世界课题和研究方向。

纤维素是由葡萄糖基构成的链状大分子化合物,基本结构单元为 D-吡喃葡萄糖,以 β-糖苷键连接,且每个基环上有 3 个醇羟基,常温下不溶于水、稀酸和稀碱。纤维素是棉花、木材、草类和麻类等植物细胞的主要化学成分,占植物界碳含量的 50% 以上,它和半纤维素、木质素交织连接在一起,共同组成植物纤维原料的"三大素"。高等植物纤维原料中,棉花的纤维素含量最高,在 90% 以上,为天然的最纯纤维素来源;一般木材中,纤维素含量为 40%~50%;草类等禾本科植物的纤维素含量最低,且不同种类之间的纤维素含量差异较大,属于较为低等的植物纤维原料。纤维素具有多种独特的性能,包括稳定的物理化学特性、致密且有规律的大分子排列结构、可持续且绿色的来源、无污染的生产和消费。这些特性和优势无疑会奠定纤维素在工业生产中极其重要的地位,这也是世界各国重点研究和开发纤维素的原因。

获取高纯度纤维素纤维的主要手段是生产溶解浆(dissolving pulp)。溶解浆在我国又称为化纤浆或浆粕,它是由木质纤维原料通过化学处理而得到的一种纤维素含量较高,而半纤维素、木质素和其他化学成分含量相对较低的化学精制浆。纤维素纤维的传统生产原料为木材和棉短绒，因此世界上纤维素纤维的生产主要集中在欧美、巴西和南非等森林资源丰富的国家和地区。我国的纤维素纤维多以棉短绒为原料。纤维素纤维是生产再生纤维素及纤维素衍生物等产品的重要原料，其终端产品主要包括纤维素酯(cellulose ester)、纤维素醚(cellulose ether)及改性纤维素(modified cellulose)，它们被广泛应用在日化、化工及医药卫生等诸多行业领域。

纤维素纤维的性能决定其终端产品的质量。其中，纤维素含量是衡量纤维素纤维等级的关键指标，纤维素含量越高，纤维素纤维纯度越高，其应用价值也就越高。因此，去除其他杂质、提升纤维素纤维的纯度已经成为提升纤维素纤维品质的主要研发点之一。目前纯化纤维素纤维的主要手段是碱纯化技术，它是一种广泛应用于工业上且较为成熟的生产工艺。但是，作为化学处理手段，碱纯化技术仍然存在诸多问题，包括化学品消耗量较大、处理条件较严格、化学品回收困难和污染负荷较高等，这已经成为影响纤维素纤维品质和产量的重要不利因素，也限制了纤维素纤维行业的进一步发展和规模扩大。因此，从本质上理解和掌握碱处理纯化纤维素纤维的反应和调控机理，从工业生产范围内提出切实可行的改进技术和生产手段，对纤维素纤维的生产和使用都能够发挥重要意义，这也是造纸科研工作者必须承担的责任和应尽的义务。

植物纤维原料中半纤维素的含量为25%~35%，而纤维素纤维中半纤维素的含量要低于10%，这意味着在纤维素纤维的生产过程中，需要脱出大量的半纤维素，这些半纤维素多溶解于制浆废液中。如果把制浆废液中的半纤维素提取出来，可以转化为液体燃料以及需由石油生产的多种化学品和聚合物材料。基于半纤维素的脱出回收过程，该生产工艺在保证纤维素纤维生产的同时，又能够充分利用纤维素纤维的废料(半纤维素)，这符合一体化的生物质精炼观念，能够为纤维素纤维企业带来新的利润和价值。加拿大新布伦瑞克大学Yonghao Ni团队已经针对预水解硫酸盐纤维素纤维生产过程中预水解液中半纤维素及其降解产物的提取和回收，开展多年的研究工作。Liu等利用活性炭吸附半纤维素；Pedram等研究碳酸钙对预水解液中低聚糖和糠醛的吸附回收；Saeed等探讨壳聚糖对低聚糖和单糖回收的影响；Shen等开展离子交换树脂吸附回收糖醛酸和膜过滤回收糠醛等工作。

1.2 纤维素纤维的生产和应用

纤维素纤维是一种高纯度的化学浆。它的纤维素含量相当高(90%~99%)，半纤维素和木质素含量较低，基本不含有其他杂质成分。同时，纤维素纤维具有较高的纸浆白度，优异的化学反应性能和均匀的纤维素摩尔质量分布。但是，纤维素纤维的生产得率偏低，一般为30%~35%，远远低于造纸用纸浆的生产得率。

1.2.1 植物纤维原料的化学组成

植物纤维原料的主要化学组成为纤维素、半纤维素和木质素。纤维素和半纤维素皆为糖类物质，木质素则为芳香族化合物。此外，植物纤维原料还含有其他少量组分，包括树脂、脂肪、蜡、果胶、淀粉、蛋白质、无机物、单宁、色素等。每一种植物不一定都含有所有的少量组分。这些有机物的结构与性质不同，但元素组成相差很小，都包括碳、氢、氧、氮等。根据木质纤维原料的元素分析结果，平均含碳50%、氢6.4%、氧42.6%、氮1%。

纤维素是地球上储量最丰富的天然高分子化合物，主要来源于陆生及海底的高等植物中，也存在于一些低等植物、细菌和个别低等动物中。纤维素是细胞壁的骨架物质，一般占木材细胞壁干重的40%~50%，是自然界存在的最丰富的高分子化合物，是人类取之不尽用之不竭的宝贵的天然可再生资源。

纤维素化学与工业始于160多年前，是高分子化学诞生及发展时期的主要研究对象，纤维素及其衍生物的研究成果为木材化学的发展和丰富作出了重大贡献。纤维素是由D-葡萄糖基本结构单元通过β-1,4糖苷键组成的线性高分子多糖，如图1-1所示。在初生壁，纤维素大约由6000个葡萄糖单元组成，次生壁中则由13 000~16 000个葡萄糖单元组成。天然纤维素的聚合度为1000~15 000，一般来说聚合度越高，分子链越长，纤维素的化学稳定性越好，物理强度也越大。

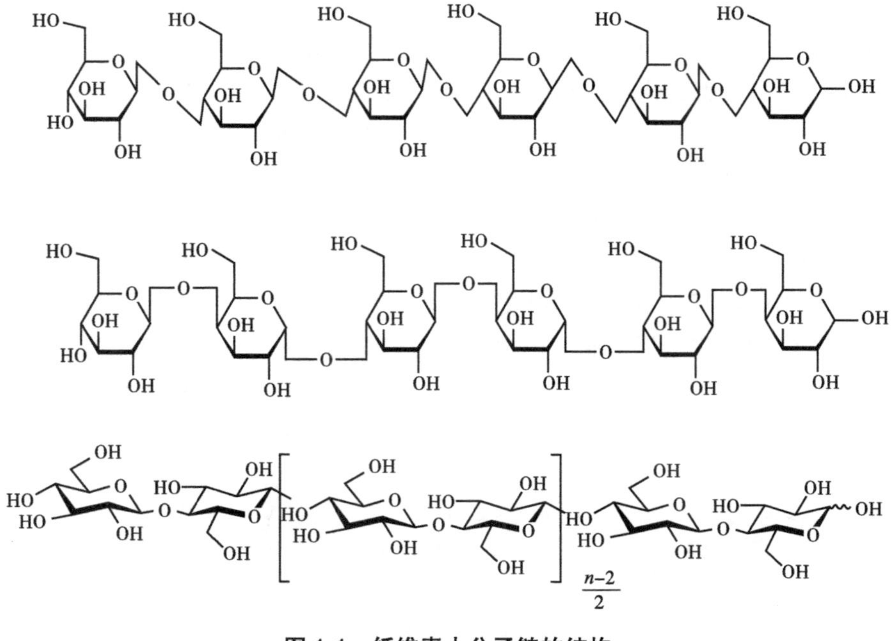

图1-1 纤维素大分子链的结构

纤维素呈现两相结构，包含结晶区和无定形区。纤维素的超分子结构指纤维素分子在纤维壁中定向排列的状况，包括结晶度、结晶区的大小、结晶单元沿纤维轴的走向，在结晶区，线性高分子高度取向呈现出特征的X射线衍射图，分子间由于氢键的作用结合紧密，一般的水、溶剂等不能进入结晶区，化学反应只能在结晶区的表面进行。一般来说结晶度越高，纤维的强度、硬度、密度、化学稳定性也越高，但延伸性、吸水性和韧性降低。纤维素不溶于水和一般的溶剂。水只能进入无定形区，使纤维的尺寸发生改变，但不能使纤维素溶解。纤维素在某些溶剂存在的条件下可以发生润胀，无限润胀即是溶解，一般认为溶剂破坏纤维素分子间的氢键连接，使纤维素分子与溶液结合，导致纤维素溶解。纤维素葡萄糖单元上 C_2、C_3 和 C_6 位含有 3 个游离的醇羟基，分子间存在大量的氢键连接。纤维素的化学结构包括葡萄糖苷键连接、3 个醇羟基以及末端基 C_1 具有潜在还原能力的醛基等，这些结构特点决定了纤维素的化学性质，可以发生酸性水解，在碱性条件下发生剥皮反应，但温度升高至 170 ℃时，纤维素会发生葡萄糖苷键的碱性水解，加剧剥皮反应的进行。纤维素上的羟基在不同条件下可被氧化成醛基、酮基及羧基，生成各种形式的氧化纤维素。纤维素葡萄糖基环上的羟基可以进行酯化和醚化反应生成纤维素的衍生物，从而改变纤维素的性质，使纤维素具有各种不同的用途，不仅应用于造纸、纺织、食品、药品、建筑、木材加工工业，而且是化学工业的重要原材料，如纤维素黄酸酯、醋酸酯、硝酸酯、甲基纤维素、羟乙基纤维素、羟丙基甲基纤维素、羧甲基纤维素等。近年来，随着生物质精炼技术的发展，纤维素乙醇、基于纤维素的平台化学品、酯类燃料、纳米纤维素的研究成为国际纤维素领域的热点。

半纤维素是由两种或两种以上糖基组成的带有支链的不均一多糖，是细胞壁的填充物质，占细胞壁干重的 15%～35%。如图 1-2 所示，构成半纤维素的糖基主要有 D-木糖基、D-甘露糖基、D-葡萄糖基、D-半乳糖基、L-阿拉伯糖基、4-O-甲基-D-葡萄糖醛酸基，D-半乳糖醛酸基和 D-葡萄糖醛酸基等，还有少量的 L-鼠李糖、L-岩藻糖等。半纤维素主要分为 3 类，即聚木糖类、聚葡萄甘露糖类和聚半乳糖葡萄甘露糖类。针叶材主要是聚葡萄糖甘露糖类，阔叶材主要是聚 4-O-甲基葡萄糖醛酸木糖类。一般认为半纤维素是无定形的，没有结晶结构。但是有学者发现，以大麦秸秆和桦木为原料，在温和条件下（0.2%草酸，100 ℃）分离制备得到了具有圆角的六边形片状结晶木聚糖。半纤维素的聚合度低，大多在 200 以下，易于被碱抽提，不同浓度的碱液可将不同结构的半纤维素分级抽提出来。在传统的制浆造纸工业生产中半纤维素的研究一直未受足够的重视，在脱木质素过程中部分半纤维素被脱除进入废液中，特别是溶解浆的生产中半纤维素几乎全部除去，没有进一步高效利用，造成了资源的浪费。近年来随着生物质炼制产业的发展，对半

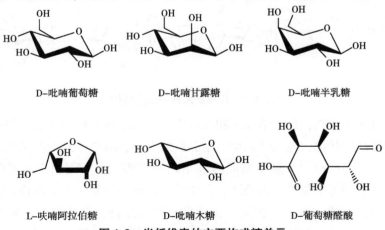

图 1-2 半纤维素的主要构成糖单元

纤维素的开发利用成为新的热点。半纤维素可通过氧化、水解、还原、醚化、酯化及交联等改性的方法产生许多新的功能团，是化学功能化的理想材料，具有广泛的潜在应用前景。半纤维素上的羟基与低分子醇类化学性质相似，可与酸反应生成半纤维素酯，与烷基化试剂反应生成半纤维素醚，酯化与醚化是最重要的半纤维素衍生反应。此外，半纤维素可以生产乙醇、糠醛、饲料酵母、低聚木糖、功能材料等。

木质素是天然酚类高分子化合物，由苯丙烷结构单元连接而成的复杂无定形高聚物，作为细胞壁的黏结物质将纤维素与半纤维素包裹在一起，约占细胞壁干重的15%~35%。木质素化学结构复杂、不均一，除了含有愈创木基（G）、紫丁香基（S）与对羟苯基（H）3种不同的基本结构单元以外（图1-3），还含有多种活性官能团，如羟基、羰基、羧基、甲基及侧链结构。阔叶材含有G型和S型骨架单元，针叶材主要由G型结构单元组成；木质素的基本结构单元通过醚键（α-O-4、β-O-4、α-O-γ、4-O-5）及碳碳键（β-5、5-5、β-1及β-β等）连接组成。作为木质素结构单元的主要连接键，阔叶材木质素中的β-O-4连接键含量可达到70%，明显高于针叶材。在大多数的木材化学加工过程中木质素是被脱除的成分，如化学法或者化学机械法制浆过程就是将木质素从细胞壁中大部分或者少量降解溶出，使单根纤维分离出来，用于生产不同种类的纸张。脱除的木质素被称为工业木质素，主要分为硫酸盐法木质素及碱木质素、有机溶剂木质素等，它们可以用于生产许多产品，如酚类化合物、二甲基亚砜、香兰素、生物油、木质素聚氨酯等，但其结构的不均一性导致其难以大规模生产，对其高值加工利用的研究仍需要不断深入。

抽出物是植物纤维原料的少量成分，但其包括数千种各式各样的物质，如部分无机盐、糖类、植物碱、单宁、色素、黏液、淀粉、果胶质、脂肪、脂肪酸、树脂、树脂酸、萜烯、酚类物质、甾醇、蜡、香精油等。抽出物大多数为低摩尔质量物质，可溶于中性有机溶剂、稀碱溶液或水中，可分为亲脂性和亲水性两类物质。水溶性的抽出物（如糖、木脂素）在制浆生产中不太重要。亲脂性物质，也称为树脂，溶于非极性有机溶剂，不溶于水，主要包含以下4类：脂肪和脂肪酸、甾醇和甾醇酯、萜类化合物、蜡质。

抽出物使植物纤维原料具有颜色和气味，部分抽出物还可保护植物免遭微生物和昆虫的侵袭。抽出物含量和成分与原料的种类、生长期、产地、气候条件等有关，对同一种原料，抽出物含量和成分也应部位不同而异。在分离抽出物的过程中，因选用的溶剂不同而溶出的成分和程度不同，见表1-1。

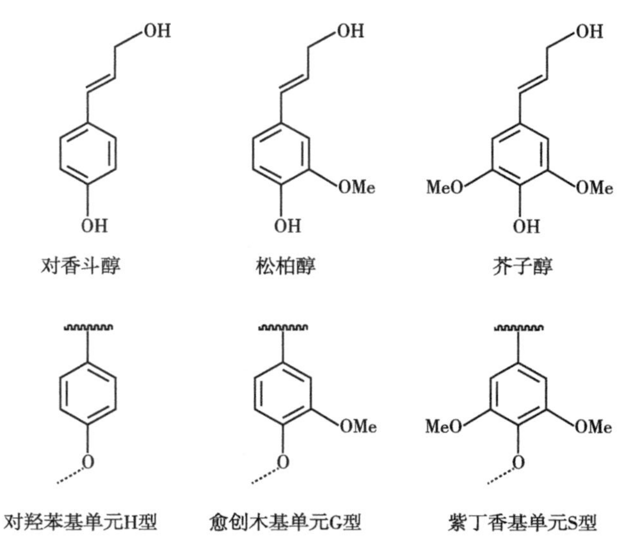

图1-3 木质素前驱体及其对应的木质素结构单元

表 1-1　植物纤维原料抽出物的组成

抽提方法	组分类型		化合物
水抽提	碳水化合物	单糖	阿拉伯糖
			半乳糖
			棉子糖
		淀粉	
		果胶质	
	蛋白质		
	生物碱		
	无机化合物	阳离子	Ca^{2+}、K^+、Mg^{2+}、Na^+、Fe^{3+}
		阴离子	
乙醚抽提	脂肪酸	不饱和脂肪酸	油酸
			亚油酸
	脂肪、油	饱和脂肪酸	
	蜡		
	树脂		
	树脂酸		
	甾醇		
水蒸气抽提	萜烯类	单萜烯	莰烯
			蒈烯
			萜二烯
			蒎烯
			莰醇
		倍半萜烯	
		二萜烯	
		三萜烯	
		四萜烯	
		多萜烯	
	酚类		
	烃类		
	木酯类		
乙醇抽提	有色物质	黄酮类化合物	毒叶素
			栎精
		花色苷	
	红粉		
	单宁		
	芪		

灰分是植物总矿物质的含量，是通过在规定条件下燃烧一定数量的植物组织并测定其残余量来确定的。灰分可以帮助我们了解植物对物质的吸收情况，反映不同植物或不同地区植物生理功能的差异。木材中的灰分含量及组成与树种、生长条件、土壤、砍伐季节、树龄等均有关系。一般温带树木的无机物含量为 0.1%~1%，热带树木通常为 5%，禾本科和树皮中的灰分含量最高，多数为 2%~5%，其中稻草的灰分含量为 10%~15%。木材无机物中含有许多无机元素，这些元素一般以离子的形式存在，是植物的根从土壤或水中吸收的。其中，以铜、铁、锰为代表的过渡金属离子会对纸浆的颜色造成不良的影响，对纸浆的漂白也会有一定的影响；以钙、镁为代表的碱土金属离子可以稳定漂白剂，保护碳水化合物，但过量的碱土金属离子又会稳定木质素，降低漂白度。因此可以在漂白前进行适当预处理，改善浆料重金属离子的分布。

禾本科植物纤维原料的灰分中含量最多的二氧化硅（SiO_2），在碱法制浆过程中形成了不同形式的硅酸钠，溶于碱法制浆的废液中，大量的硅酸钠存在会使废液黏度升高，洗涤时的黑液提取率低，给黑液的蒸发、燃烧、苛化、白泥回收等过程带来了麻烦，即硅干扰。尽管灰分是原料中的少量成分，但一定条件下，这一少量成分对制浆造纸的生产及废液回收利用等都有重大影响。部分灰分经过一系列处理之后还可用于土壤的调节，值得高度重视。

1.2.2 纤维素纤维的生产

1.2.2.1 纤维素纤维的生产原料

纤维素纤维（溶解浆）的传统生产原料主要为针叶材和棉短绒。随着纤维素纤维生产技术的发展，阔叶材也被逐步引入到纤维素纤维的生产中。近些年，由于森林资源的短缺和棉花价格的波动，非木材纤维原料开始应用于纤维素纤维的生产，如竹子、蔗渣和芦苇等。

目前，木材仍是生产纤维素纤维的主要纤维原料，分为针叶材和阔叶材，前者主要包括铁杉、云杉、马尾松和鱼鳞松等，后者主要包括桉木、桦木、山杨以及枫木等。木材原料的纤维细胞组成相对单一，杂细胞比较少，且原料积蓄量较大，因此备受青睐。Sixta等指出纤维素纤维的生产原料中，85%来自木材纤维，而仅仅10%是棉短绒纤维。同时，加拿大一些企业也采用针叶材与阔叶材的混合木片生产纤维素纤维。针叶材含有较多的纤维细胞，且纤维细胞比较粗长；而阔叶材含有较多的非纤维细胞，这些不同的纤维原料特性对纤维素纤维的性能有重要影响。Miao 等总结：针叶材纤维素纤维的纤维素含量较高，但反应活性相对较低；阔叶材纤维素纤维的纤维素含量稍逊一等，但具有较高的反应活性。

除木材纤维，棉短绒是纤维素纤维的另外一个主要生产原料。棉短绒是生长在棉籽表面的短纤维，纤维长度一般为 3~8 mm。它具有较高的纤维素含量，是最早应用于生产纤维素纤维的植物纤维原料。棉短绒的纤维素分子排列非常规则，纤维结构相当致密，这造成棉短绒纤维素纤维的化学反应性能相对较差，从而对棉短绒生产纤维素纤维产生逆反作用。同时，作为一年生作物，棉花的年产量不稳定，且市场价格的波动较为剧烈，这些都限制棉短绒在纤维素纤维市场中的应用和发展。

我国是一个森林资源比较匮乏的国家，但我国的禾本科植物相对丰富，于是一些非木材的植物纤维原料引起纤维素纤维工作者的兴趣和重视。竹子广泛分布于我国南方的丘陵山坡地带，是主要的短采伐期作物。竹子含有 45%～55% 的纤维素、23%～30% 的木质素、20%～25% 的半纤维素、10%～18% 的抽出物和 1.5% 的灰分。竹纤维长度为 1.5～2.5 mm，略短于针叶材纤维，而比阔叶材纤维长。许多科研工作者已经研究开发出竹子基的纤维素纤维。陈云等采用预水解硫酸盐工艺成功制备出合格的混合竹纤维素纤维，其甲纤含量高达 97.6%，黏度为 12.3 mPa·s 和白度为 86.6% ISO。Larisse 等采用自水解-NaOH/AQ 制浆手段，然后利用 O/O-CCE-D-(EP)-D-P 的漂白工艺处理竹材，最终得到 94.9% 的 α-纤维素，92.4% ISO 的白度，6.2 mPa·s 的黏度，5.1% 的木聚糖和 0.13% 的灰分含量的纤维素纤维。除竹子外，蔗渣、玉米秆、剑麻以及黄麻等其他非植物纤维原料也已经被用于生产制备纤维素纤维。虽然非木材纤维原料可用于生产纤维素纤维，但对纤维素纤维的生产过程以及纤维素纤维的性能产生诸多问题，如：纤维细胞较少致使成浆得率偏低；纤维素摩尔质量分布非常不均匀；灰分及金属离子含量偏高；反应性能以及反应均匀性相对较差等。

1.2.2.2 纤维素纤维的生产工艺

工业上生产制备纤维素纤维的主流工艺有两种：酸性亚硫酸盐工艺（acid sulfite process）和预水解硫酸盐工艺（pre-hydrolysis kraft process），它们多以木材为生产原料；还有少量的纤维素纤维采用烧碱法生产，其原料多为棉花。此外，一些新型的生产工艺也逐步被科研工作者开发应用到工业实际生产中，如有机溶剂法。同时，研究表明普通的木材化学浆也可以直接作为原料生产纤维素纤维，即升级化学浆为纤维素纤维（溶解浆）。

酸性亚硫酸盐工艺是一种比较传统的制备纤维素纤维的生产方法。截至 2014 年年底，世界范围内，酸性亚硫酸盐工艺生产的纤维素纤维占纤维素纤维总量的 42%。酸性亚硫酸盐工艺采用含有游离的二氧化硫（SO_2）的亚硫酸氢盐溶液在高温下蒸煮木材纤维，在蒸煮过程中不仅能够大量脱出木质素，而且半纤维素和其他非纤维素成分也能够得到有效的降解溶出，因此它可以制备纯度相对较高的纤维素纤维。在蒸煮期间，木质素会与游离的 SO_2 反应生成木质素磺酸，然后进一步与盐基反应，形成易溶的木质素磺酸盐，同时，由于水解磺化反应，木质素被断裂为较小的碎片，最终这些木质素磺酸盐/木质素碎片从木片中溶出，导致原料中木质素的脱除。另外，由于无机酸的存在（pH<2），碳水化合物分子链上的糖苷键会发生随机水解，造成分子链的切断和摩尔质量的降低，最终也会致使碳水化合物的降解溶出。因此，工业上一般采用降低蒸煮温度（125～150 ℃）和延长蒸煮时间（2～4 h）的方法来生产纤维素纤维。低温蒸煮能够最大限度地保护纤维素而尽量去除半纤维素；延长蒸煮时间能够增加蒸煮药液的渗透和扩散，从而大幅度的溶出木质素和半纤

维素。

在酸性亚硫酸盐法制备纤维素纤维的生产过程中,木材原料中的木质素和半纤维素同时溶出,使得制浆红液中含有大量的木质素和半纤维素成分。这些化学成分的混合存在,增加红液的黏度,从而提高回收难度,也容易引起木质素黏壁和堵塞问题。但是,这些溶解的化学成分(木质素和半纤维素)可以被回收,进而转化为高附加值的产品,如木质素磺酸盐、香草醛、木糖醇及工业乙醇。天柏(Tembec)公司已经成功研发出一体化的森林生物质精炼工艺,一方面可以生产高质量的酸性亚硫酸盐纤维素纤维,另一方面也可以回收利用制浆红液中的木质素和半纤维素。首先采用一段蒸发浓缩红液,使其浓度从12%提高到22%,在此过程中既回收SO_2又增加红液的浓度;浓缩后的红液经过纯化和发酵,可以生产乙醇和木糖醇;最后残余的红液经过二段蒸发,其浓度高达50%,此木质素溶液可以作为动物饲料、交联剂等,或进一步经过喷雾干燥制备木质素磺酸盐。毋庸置疑,酸性亚硫酸盐法生产纤维素纤维的工艺也存在着一些问题,原料要求严格,多以树脂含量少的针叶材为主;投资成本高,需要耐酸腐蚀的设备;生产周期长,需要延长蒸煮时间,以及环境污染问题等都限制酸性亚硫酸盐法工艺的发展,甚至导致其工业生产的萎缩。

预水解硫酸盐法是一种结合酸性预水解和碱性制浆生产纤维素纤维的工艺方法,已经逐渐成为生产纤维素纤维的主流工艺。费雪国际公司的报告称,截至2014年第四季度,全球纤维素纤维产能中有56%来自预水解硫酸盐浆。预水解硫酸盐工艺在我国纤维素纤维的生产市场中发展尤为迅猛,已经占据纤维素纤维产能的78%。现在,工业上多采用汽蒸处理方法作为预水解的处理手段,即过热的饱和蒸汽作为预水解剂,也可以称为"自催化预水解"。在此条件下,水介质呈酸性,可以脱落半纤维素链上的乙酰基,使之转化为乙酸,进一步提高体系的酸度(pH值为3.5~4.5)。在此过程中,半纤维素会发生酸性水解,从而大幅度降低木片原料中半纤维素(尤其是多戊糖)的含量,与此同时,少量的木质素也被溶出进入预水解液中。预水解过程中,酸性介质对纤维细胞壁的破坏以及半纤维素的大量溶出,都能够促进蒸煮药液的渗透,对后续的碱性蒸煮有积极的贡献作用。经过预水解处理,木片结构变得较为疏松,因此在后续的蒸煮阶段可以适当地降低蒸煮条件,其蒸煮温度和蒸煮时间都比单独的硫酸盐法制浆要温和许多。作为已经崭露头角的纤维素纤维生产工艺技术,预水解硫酸盐法有一系列的优点,包括原料适应性大,除针叶材还可以采用阔叶材以及非木材原料;碱回收工艺相对成熟,回收设备和回收经验可以快速地工业化和规模化;生产得率较高,因为它的处理条件相对温和,即使在预水解阶段纤维素的降解也很少。现在,预水解硫酸盐制浆工艺已经越来越多的取代酸性亚硫酸盐制浆工艺,用于更合理和更科学的生产纤维素纤维。

许多科学研究已经集中到预水解硫酸盐法制备纤维素纤维的一体化生物质精炼理论中。回收并再利用预水解液和蒸煮液中溶解的木材纤维成分——有机物,已经成为现实。Saeed等研究壳聚糖作为絮凝剂对预水解液中有机物回收的作用,采用两种相对分子质量不同的壳聚糖,分别为70 000~180 000和200 000~300 000。用量为0.7 mg/g的低相对分子质量壳聚糖或者 0.5 mg/g 的高相对分子质量壳聚糖,分别能够回收预水解液中 55% 和 50% 的糠醛;用量为 1.5 mg/g 的低相对分子质量壳聚糖或者 0.5 mg/g 的高相对分子质量壳聚糖,分别能够回收 20% 和 25% 的低聚糖;用量为 2.2 mg/g 的低相对分子质量壳聚糖或者 1.7 mg/g 的高相对分子质量壳聚糖,分别能够回收 40% 和 35% 的糠醛。Fatehi 等利用活性炭吸附预水解液中的半纤维素,实验结果表明活性炭对低聚糖有强烈的吸附能力,在室温条件下(120 min 的处理时间,120 r/min 的搅拌速度),木糖的吸附量为 48.3 mg/g,甘露糖的吸附量为 50.5 mg/g,半乳糖的吸附量为 50.3 mg/g。Shen 等探讨石灰对预水解液中纤维素纤维的分离回收,5 wt% 的石灰添加量(60 min 的处理时间)可以去除 15% 的木质素、5.4% 的半纤维素和 14.2% 的乙酸,引入聚二烯丙基二甲基氯化铵可以进一步提高纤维素纤维的吸附量,0.05% 的聚二烯丙基二甲基氯化铵添加量可以导致木质素和半纤维素的去除量高达 20.6% 和 6.4%。

随着纤维素纤维生产技术的发展和对普通造纸用化学浆和纤维素纤维之间差异的理解和认识,一种新型的纤维素纤维生产工艺已经被大家所熟知和认可,即"普通化学浆升级为溶解浆级别的纤维素纤维"。该工艺可以看作是对造纸用化学浆高附加值的开发利用,它既可以生产高等级的纤维素纤维,又减少生产工序且降低投资成本。Ibarra 等利用半纤维素酶、冷碱抽提纯化和纤维素酶结合的处理工艺成功转化剑麻造纸用普通浆为纤维素纤维,酶活力为 500 U/g 的木糖酶、9% 的 NaOH 溶液和酶活力为 50 U/g 的纤维素酶的结合处理,使纤维素的含量从 81% 增加到 95%、反应性能从 34.8% 提高到 57.5%、特性黏度从 655 mL/g 下降到 375 mL/g。Wang 等探讨结合的酶处理和碱性过氧化氢处理升级针叶材硫酸盐造纸浆为纤维素纤维的可能性,研究发现,经过纤维素酶(500 U/g)和碱性过氧化氢(9 wt% 的 NaOH 和 1 wt% 的 H_2O_2)处理,浆料中 α-纤维素的含量达到 92.1%、纸浆特性黏度为 506.9 mL/g、纤维素的反应性能为 68.7%,已经完全符合纤维素纤维的要求和标准。Janzon 等借助于氮烯纯化,升级桉木硫酸盐和山毛榉亚硫酸盐造纸级纸浆为纤维素纤维,结果表明,5% 的氮烯增加桉木硫酸盐浆和山毛榉亚硫酸盐浆中 α-纤维素的含量,分别从 84.7% 和 87.0% 上升至 95.2% 和 95.9%,同时,摩尔质量的多分散指数分别从 7.1 和 18.0 下降至 3.6 和 10.6。

此外,科研工作者也尝试着采用有机溶剂处理植物纤维原料,用于制备纤维素纤维。目前,采用有机溶剂法制备纤维素纤维基本上还处于实验研究阶段,主要包括乙醇法、乙酸法、甲酸法、甲酸过氧化氢(Milox)法和乙酸甲酸(Formacell)法等。相关研究表明,相比传统的亚硫酸盐工艺,有机溶剂法在选择性脱除半纤维素、减少纤维素降解方面更具优势,可以制备出半纤维素含量低、纤维素聚合度高的纤维素纤维,对纤维原料的适用范围也更广,并且单位投资成本较低。

尽管在去除半纤维素及防止纤维素降解方面,有机溶剂法比传统的酸性亚硫酸盐法更具优势,但部分研究表明有机溶剂制备的纤维素纤维反应性能较差,无法用于黏胶纤维的生产,并且有机溶剂回收技术和成本问题目前还没有得到彻底解决,极大地制约了有机溶剂法的工业化应用。

1.2.2.3 纤维素纤维的漂白

纤维素纤维是一种高纤维素含量和高纸浆白度的化学浆,因此漂白工艺在纤维素纤维的生产过程中占有重要位置。除提高纯度和白度,纤维素纤维的漂白工序还要求能够控制纤维素的黏度和摩尔质量,以及提升纤维素纤维的反应性能。目前,广泛地应用于纤维素纤维生产过程中的漂白手段有次氯酸盐漂白(H)、氧漂(O)和二氧化氯漂白(D)等。以往,工业上多选用次氯酸盐漂白,因为它不仅能够提高浆料白度,还可以合理有效地调节纤维素的聚合度(degree of polymerization, DP)和摩尔质量分布(distribution of molecular weight),并且明显提升纤维素纤维的反应活性。但由于环境污染等问题,次氯酸盐漂白正面临着被淘汰的可能。氧漂的主要作用是进一步脱出残余木质素,但它对纤维素的破坏降解作用比较严重,如果反应条件比较剧烈,会造成纤维素的聚合度过度降低。二氧化氯漂白能够降低纸浆的卡伯值,溶出树脂,更重要的是,它对纤维素链的损伤程度较轻,因而成为生产纤维素纤维的重要漂白手段。

1.2.3 纤维素纤维的主要产品

纤维素纤维的纤维素含量为90%~98%,半纤维素、木质素和其他杂质成分基本完全去除,具有高效的实际应用价值。按照纤维素纯度的不同,纤维素纤维可以分为普通用纤维素纤维和特种用纤维素纤维。纤维素纤维的后续生产主要包括纤维素的酯化、醚化以及其他化学物理改性等处理,可以生产黏胶纤维、硝化纤维、醋酸纤维和纤维素醚以及微晶纤维素等再生纤维素和纤维素衍生品。纤维素纤维主要的加工方式和反应、产品和应用,见图1-4和表1-2。

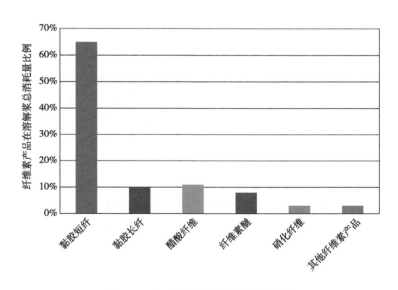

图 1-4 全球纤维素产品的主要构成

表 1-2　纤维素典型的加工方式和产品应用

加工方式	产品属性	终端产品
黄原酸化反应	黏胶纤维	无纺布、帘子线、玻璃纸等
硝酸酯化反应	硝化纤维	火药、电影胶片、糖衣等
醋酸酯化反应	醋酸纤维	相片底片、眼镜框、香烟过滤嘴等
醚化反应	纤维素醚	涂料成膜剂、合成塑料、胶黏剂等
化学/机械处理	纳米纤维素	药物载体、食品增稠剂、液晶显示灯等

1.2.3.1 纤维素酯

纤维素分子的极性羟基在强酸液中可以被亲核基团或者亲核化合物取代，生成相应的纤维素酯类衍生物(cellulose ester)。酸性体系可以分为无机酸体系和有机酸体系。无机酸体系包括硝酸、磷酸以及硫酸等。无机酸电离出氢离子，攻击纤维素的极性羟基，然后无机酸电离的亲核基团继续攻击纤维素分子，实现纤维素分子的取代反应，生成纤维素无机酯，反应历程为：

$$Cell^*\text{—}OH + H^+ \rightleftharpoons Cell\text{—}O^+\!\!\begin{array}{c}H\\H\end{array} \quad (\text{水合氢离子})$$

$$Cell\text{—}O^+\!\!\begin{array}{c}H\\H\end{array} + X^- \rightleftharpoons X^- \rightarrow Cell \rightarrow O^+\!\!\begin{array}{c}H\\H\end{array} \rightleftharpoons X\text{—}Cell + O\!\!\begin{array}{c}H\\H\end{array}$$

有机酸中只有甲酸(formic acid)可直接获得高取代度的纤维素酯，但其他有机酸需要转变成酸酐才能直接酯化纤维素。纤维素与有机酸的反应历程为：

$$Cell\text{—}O\!\!\begin{array}{c}H\end{array} + \underset{R}{\overset{OH}{C}}\!\!=\!O \rightleftharpoons \left[Cell\text{—}O\text{—}\underset{R}{\overset{H\ OH}{C}}\text{—}O\right] \rightleftharpoons Cell\text{—}O\text{—}\underset{R}{\overset{H}{C}}\text{—}O + OH_2$$

纤维素的酯化反应为可逆反应，呈现典型的反应平衡，通过去除反应中产生的水，有利于酯化反应的进行。纤维素酯化反应中，每 100 个葡萄糖基中起反应的羟基的数目，称为纤维素的酯化度(γ)，因此纤维素的酯化度与取代度的关系为：$\gamma = 100\ DS$。

纤维素纤维主要的纤维素酯化产品包括纤维素磺酸酯(黏胶纤维)、纤维素醋酸酯(醋化纤维)和纤维素硝酸酯(硝酸纤维)。

(1) 纤维素磺酸酯

纤维素磺酸酯(cellulose sulfonate/xanthate)是由 Cross 与 Beven 于 1892 年首次制备，是生产再生纤维素的一个重要中间体，也是生产黏胶纤维的主要方法。纤维素原料在碱性介质中与二硫化碳(CS_2)进行反应，就可生成纤维素黄原酸酯(盐)。由于反应过程中存在各种副反应，以致纤维素黄原酸酯的反应机理尤为复杂。反应活性较小 CS_2 首先与 NaOH 反

---

* Cell 为 Cellulose(纤维素)缩写，下同。

应，生成反应活性较高的二硫代碳酸酯，然后再与纤维素反应形成纤维素黄原酸酯，也称为纤维素的黄原酸化反应，过程中可能会释放有毒性的 CS_2，进而影响人体健康。近年来开发了微毒反应体系，即碱纤维素先羧甲基化再进行黄原酸酯化反应。

纤维素黄原酸酯易溶于稀碱溶液中变成黏胶液，通过纺丝形成黏胶人造丝（黏胶纤维），其制备过程如下：

第一步：用 18% NaOH 在 15~30 ℃ 处理纤维素纤维，然后将多余的碱液压榨出去，在这个过程中纤维素降解，DP 降至 200~400。

第二步：对纤维素进行黄原酸酯化处理，25~30 ℃，3 h，取代度大约为 0.5。

第三步：将黏胶液过滤，然后使它通过喷丝头进入酸液中（如硫酸）。这时纤维素黄原酸酯可再生为纤维素，同时形成非常好的细丝称之为人造丝。

制备纤维素黄原酸酯的纤维素原料一般使用棉短绒粕和漂白化学浆，要求 α-纤维素含量不低于 90%，灰分含量限制在 0.3% 以下。

纤维素磺酸酯（即黏胶纤维）对纤维素纤维的等级要求相对较低，一般要求其 α-纤维素的含量大于 90% 即可。成熟的生产工艺和低廉的生产成本是黏胶纤维的主要优势，这也使黏胶纤维成为纤维素纤维的主要消耗渠道，全球 75% 左右的纤维素纤维用于生产黏胶纤维（图 1-4）。根据产品用途的不同，黏胶纤维可以分为普通黏胶纤维、高湿模量黏胶纤维和高强力黏胶纤维等产品，它们涉及日化、食品、生物、造纸等行业领域，对人们的日常生活有息息相关的影响。但是，在黏胶纤维的生产过程中，CS_2、H_2S 以及水质中硫酸盐的产生和存在，迫使黏胶纤维产业面临着重大的环境污染问题，对黏胶行业造成极为不利的影响。环境的压力促使无污染型可再生纤维素工艺的开发利用，现在比较成熟的、能够工业化生产的环保工艺是以 N-甲基吗啉-N-氧化物（NMMO）为溶剂生产的莱赛尔（Lyocell）再生纤维素纤维，其具体生产流程如图 1-5 所示。

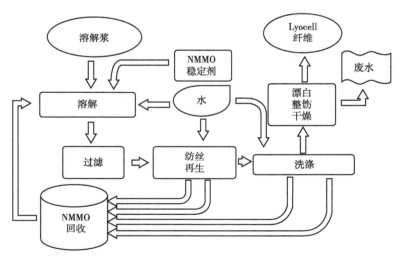

图 1-5　纤维素纤维（溶解浆）生产 Lyocell 再生纤维素纤维

(2)纤维素醋酸酯

纤维素醋酸酯(cellulose acetate)俗称醋酸纤维素、乙酰纤维素、醋酸纤维,于19世纪60年代首次发现。纤维素醋酸酯制备的体系的混合液中一般含有醋酸化剂、催化剂和稀释剂。醋酸化剂可以分为醋酸酐或冰醋酸,一般以醋酸酐为主。催化剂可以分为硫酸或高氯酸,促进纤维素与酸酐反应。稀释剂可以分为均相体系中的冰醋酸、三氯甲烷或三氯乙烷以及非均相体系中的苯、甲苯、乙酸乙酯或四氯化碳,用于维持一定的液比,确保酯化反应的均匀进行。

作为一种高等级的纤维素产品,醋酸纤维素对纤维素纤维 α-纤维素的纯度有严格的要求,需要 α-纤维素的含量高于96%。醋酸纤维也是纤维素纤维中仅次于黏胶纤维的主流纤维素产品(10%的纤维素纤维消耗量,图1-4)。调节生产工艺和反应条件,可以得到3种等级的醋酸纤维素产品:醋酸纤维素、二醋酸纤维素和三醋酸纤维素。醋酸纤维具有独特的性能,如高强度、高弹性、耐高温以及阻燃等,它的产品主要有香烟过滤嘴和医学上的过滤器材、眼镜框以及航天、航空工业中的高绝缘薄膜。详见表1-3。

表1-3 纤维素醋酸酯的种类

取代度	溶剂	用途
1.8~1.9	水-丙酮-氯仿	织物纤维
2.2~2.3	丙酮	喷漆、塑料
2.3~2.4	丙酮	人造丝
2.5~2.6	丙酮	胶片
2.8~2.9	二氯甲烷-乙醇	绝缘薄片
2.9~3.0	二氯甲烷	织物纤维

(3)纤维素硝酸酯

纤维素硝酸酯(cellulose nitrate)俗称硝化纤维素、硝酸纤维素、硝酸纤维,其制备反应一般称为硝化反应。纤维素硝酸酯是人类第一个从自然界中制备的可塑性聚合物,于19世纪60年代制备无烟火药而应用于军事。目前,纤维素硝酸酯仍然占据传统的涂料工业市场,且广泛用于黏合剂、日用化工、皮革、染整、制药等工业领域。

纤维素硝酸酯的制备通常采用硝酸和硫酸的混合液体系。在该混合液体系中,硝酸可生成硝鎓(NO_2^+)离子,作为一种活泼的硝化剂,促进硝酸酯的生成。体系中的硫酸可以作为脱水剂,去除反应生成的水,促进反应的正向进行。

纤维素硝酸酯分子中若每个葡萄糖基上的3个羟基全部被硝化,则含氮量可以高达14.4%(实际上达不到);含氮量为12.5%~13.6%,叫作高氮硝化棉,用来制火药等;含氮量为10%~12.5%,叫作低氮硝化棉,用来制备塑料、喷漆、电影胶片等,见表1-4。制备纤维素硝酸酯的纤维素原料一般使用棉绒浆和木浆,要求 α-纤维素含量要高(>94%),聚戊糖含量要低;浆的灰分要低,黏度适宜。

表 1-4 纤维素硝酸酯的种类

含氮量/%	取代度	溶剂	用途
10.5~11.1	1.8~2.0	乙醇	塑料、清漆
11.2~12.2	2.0~2.3	甲醇、酯类、丙酮、甲乙酮	清漆、黏合剂
12.0~13.7	2.2~2.8	丙酮	炸药

1.2.3.2 纤维素醚

纤维素在碱性环境中,与各种功能基化合物(氯甲烷、环氧乙烷、氯乙酸等)发生醚化反应,可制备纤维素醚(cellulose ether)。根据取代基的不同,纤维素醚主要包括烷基纤维素(甲基纤维素和乙基纤维素)、羟烷基纤维素(羟甲基纤维素和羟乙基纤维素)和羧甲基纤维素。纤维素醚早在20世纪初就成功合成。最早制备的纤维素醚主要是有机溶剂类型,之后逐步向水溶性醚类发展。纤维素醚的种类见表1-5。纤维素醚是纤维素的重要衍生物,它可以作为黏合剂、增稠剂、保水剂以及绝缘材料,已经广泛应用于油田、化工和食品等行业领域。

表 1-5 纤维素醚的种类

分类			纤维素醚	取代基	符号
取代基类型	单一醚	烷基醚	甲基纤维素	—CH_3	MC
			乙基纤维素	—CH_2CH_3	EC
		羟烷基醚	羟乙基纤维素	—CH_2—CH_2—OH	HEC
			羟丙基纤维素	—CH_2—CHOH—CH_3	HPC
		其他	羧甲基纤维素	—CH_2—COONa	CMC
			氰乙基纤维素	—CH_2—CH_2—CN	CEC
	混合醚		乙基羟乙基纤维素	—C_2H_5,—C_2H_4OH	EHEC
			羟乙基甲基纤维素	—C_2H_4OH,—CH_3	HEMC
			羟乙基羧甲基纤维素	—C_2H_4OH,—CH_2—COONa	HECMC
			羟丙基羧甲基纤维素	CH_2—CHOH—CH_3,CH_2—COONa	HPCMC
电离性	离子型			CMC, HECMC, HPCMC	
	非离子型			MC, EC, HEC, HPC 等	
溶解性	水溶性			ME, CMC, HEC, HPC 等	
	非水溶性			EC, CEC 等	

1.2.3.3 纳米纤维素

经过化学、机械以及它们的结合处理,从大分子水平上调整纤维素的结构,纤维素纤维可以制备各种纳米纤维素产品,如微晶纤维素(MCC)、纳米晶体纤维素(NCC)和微纤化纤维素(MFC)。纳米纤维素是至少一维尺寸在纳米级别(1~100 nm)的纤维材料,其具有生物相容性、易化学修饰、高长径比、轻质和高强度等特点。根据制备方法和形貌特性，植物纤维的纳米纤维素可划分以下两种：①纤维素纳米纤维(cellulose nanofibrillated fiber, CNF)，或称为微米微丝纤维素(microfibrillated cellulose, MFC)、纳米微丝纤维素(nanofibrillated cellulose, NFC)；②纤维素纳米晶体(cellulose nanocrystals, CNC)，或称为纳米晶体纤维素(nanocrystalline cellulose, NCC)、纳米纤维素晶须(nanocellulose whiskers, NCW)，如图1-6所示，根据美国制浆造纸工业技术协会(Technological Association of the Pulp and Paper Industry, TAPPI)标准，两种纳米纤维素采用CNF和CNC代称。

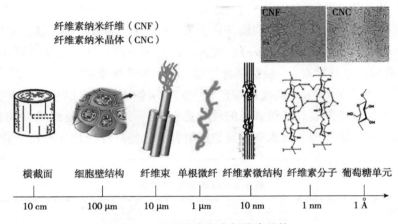

图1-6 不同种类纳米纤维素结构

（1）CNF

1983年，Turbak和Herrick等人首次通过Gaulin实验室级均质机处理针叶材木浆，成功制备出直径在十到几百纳米的纤维素纳米纤维。在随后的几十年中，科研工作者使用包括针叶材、阔叶材和细菌在内的不同种类的纤维素原料，制备出不同级别的CNF。目前，制备CNF的最常用方法有3种，分别为高压均质法、微射流法和胶体磨研磨，其中高压均质法是目前生产CNF最为普遍的方法。

高压均质机已广泛应用于食品和涂料加工领域中。采用高压均质机制备CNF的原理为：纤维原料在高压泵传送到工作阀区间时，压力迅速降低，在阀座、均质头和均质环三者组成的狭小范围内产生强烈的剪切脉冲、撞击和空穴作用，使纤维不断分离从而制备出纳米级别的纤维素，如图1-7所示。高压均质法制备CNF具有效率高、操作简单以及容易放大至工业化连续生产等优点。然而，高压均质法制备CNF也有缺点：①植物纤维中的长纤维在高压均质过程中易在内部阀门处发生堵塞；②高压均质是能量集中型过程，由于植物纤维细胞结构致密，导致能耗较高，通常达到2.7万kW·h/t。

为了克服机械法制备CNF过程中高能耗以及减少堵塞次数，通常需对纤维原料进行预处理以降低纤维原料的长度和使纤维结构润胀、松散，或降低纤维之间氢键结合力。目前常用的预处理方法包括生物酶处理、表面化学接枝改性、机械处理以及几种方式相结合。不同种类的预处理对纤维作用见表1-6。

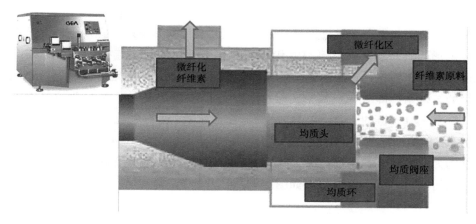

图1-7 高压均质机的工作原理

表1-6 不同种类预处理对纤维作用

预处理方法	主要作用
TEMPO/NaBr/NaClO	在纤维素表面引入羧基，提高纤维间排斥力，促进纤维分丝帚化
高端酸盐	在纤维表面引入醛基，促进纤维分丝帚化
羧甲基化	增加负电荷，提高纤维间静电排斥力，促进纤维分丝
碱抽提	溶出木素，促进纤维分丝帚化
生物酶	促进纤维分丝
机械研磨	降低纤维原料尺寸

在表面化学接枝改性预处理纤维原料中，2,2,6,6-四甲基哌啶-1-氧化物(TEMPO)/NaBr/NaClO 体系是最为成熟的工艺，其具有反应过程简单、污染小、反应条件温和、选择性强等优点。TEMPO 氧化纤维素的机理为：NaBr 与 NaClO 形成强氧化性的 NaBrO，随后 NaBrO 将 TEMPO 氧化成亚硝鎓离子，亚硝鎓离子可选择性的将纤维素分子链上的伯醇羟基氧化成醛基，并最终生成羧酸钠，如图 1-8 所示。

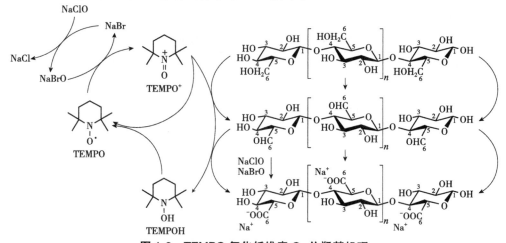

图 1-8 TEMPO 氧化纤维素 C_6 位羟基机理

(2) CNC

纤维素大分子包括分子链排列规则的结晶区以及排列不整齐、无规则的无定形区,结晶区和无定形区的纤维素由范德华力和分子内和分子间的氢键连接维持着原细纤维的结构。利用酸水解、机械处理或生物酶处理等方法降解纤维素的无定形区,保留结晶区可制得纳米级的纤维素,即 CNC。其中,酸水解制备 CNC 最常用、工艺最为成熟的方法,其原理为纤维素大分子链的 β-苷键对酸敏感,在酸水解(通常为硫酸,酸浓度为 40 wt%~64 wt%)纤维素的过程中,H^+ 首先进入纤维素的无定形区对 β-1,4-葡萄糖苷键进行破坏,使纤维素的无定形区水解成葡萄糖,随后 H^+ 进入结晶区的一些有缺陷的部分使其发生部分水解,从而制得 CNC,反应机理如图 1-9 所示。

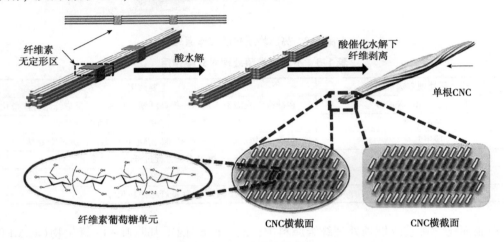

图 1-9 CNC 制备示意图

CNC 具有强度高(其弹性模量和抗张强度理论值分别达到 140 GPa 和 7.5 GPa)、表面富含羟基(2~3 mmol/g)、轻质(1.59 g/cm³)和特殊光学特性等性质。CNC 的长度和宽度取决于酸水解程度,但也在一定程度上受纤维素原料所影响。由不同原料制得的 CNF 的尺寸大小和外观形貌见表 1-7。

表 1-7 不同检测技术测量不同原料制得的 CNC 的尺寸

纤维原料	长度/nm	宽度/nm	长宽比	测量工具
棉花	100~150	5~10	10~30	TEM
	150~210	5~11	14~42	AFM
	255	15	17	DDLS
棉短绒	100~200	10~20	5~20	SEM-FEG
	300~500	15~30	10~33	AFM
微晶纤维素	35~265	3~48	约 88	TEM
	约 500	10	50	AFM

(续)

纤维原料	长度/nm	宽度/nm	长宽比	测量工具
苎麻	50~150	5~10	5~30	TEM
豆皮	80~150	2~4	20~75	TEM
剑麻	100~500	3~5	20~167	TEM
被囊类动物	1160	16	73	DDLS
	1073	28	38	TEM
藻类	>1000	10~20	50~100	TEM
针叶材	100~150	4~5	20~38	AFM
阔叶材	140~150	4~5	28~38	AFM

注：TEM、AFM、SEM-FEG 和 DDLS 分别指代透射电子显微镜、原子力显微镜、场发射扫描式电子显微镜和动态光散射。

1.2.4 纤维素纤维的市场

纤维素纤维（溶解浆）是制浆造纸行业中一种特殊的产物，它也被赋予更高的利用价值。随着生产技术的发展和相关行业领域的认可以及应用，纤维素纤维自身市场以及它的产品应用市场都得到长足的发展。

1.2.4.1 纤维素纤维的产能市场

纤维素纤维的生产可以追溯到100多年前，但直到最近的60年它才有大规模的工业化生产，而且在此期间它的产能也发生明显的变化。从1960年到1975年，纤维素纤维的产量从350万t增加到550万t，开始大规模的生产制备纤维素纤维；在随后的25年里（从1975年到2000年前后），纤维素纤维产量持续走低，在2002年进入低谷，其产量仅仅为250万t；在接下来的10年里，纤维素纤维又迎来生产春天，产能从250万t上升到2010年的350万t左右，然后一跃增加到2015年的670万t，全球纤维素纤维的产量又达到新高。

全球纤维素纤维的生产分布极为不均，主要集中在森林资源丰富和工业比较发达的国家和地区，如美国、加拿大和北欧。随着纤维素纤维生产技术的发展，纤维素纤维的生产开始向经济欠发达但森林资源丰富的国家和地区迁移，其中中国、巴西和南非等国家后来居上，已经开始在全球纤维素纤维行业中占据一席之地。值得注意的是，现在我国已经成为仅次于美国的纤维素纤维生产大国。

1.2.4.2 纤维素纤维的消耗市场

纤维素纤维的下游产业为纤维素产品和纤维素衍生物，可以分为低等级的纤维素产品（黏胶纤维）和高等级的纤维素产品（特种纤维素）。图1-10是2005—2015年，全球纤维素纤维的消耗情况。从图1-10中可以明显看出，2005—2009年的5年时间里，纤维素纤维的消耗基本维持在400万~420万t,但是黏胶纤维占据60%的纤维素纤维消耗,在240万t左右。2010—2015年,全球纤维素纤维的消耗开始增加,这是因为纤维素产品的产量持续上升,特别是黏胶纤维的产量,从2010年的400万t增加到2015年的580万t。这种情况的根本原因是全球棉花、动物纤维和石油基化工材料的短缺或发展瓶颈促进黏胶产业的飞速发展,进而带动纤维素纤维消费市场的高度活跃。

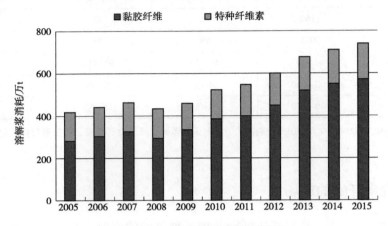

图1-10 全球纤维素纤维消耗情况

虽然我国的黏胶产业起步相对较晚,但巨大的人口数量和经济的快速发展,使我国的黏胶行业持续攀升。目前我国纤维素纤维的消费量已经占全球的50%以上,成为全球消费量最大且增速最快的纤维素纤维消费市场。我国对纤维素纤维需求量的猛增也催生全球纤维素纤维生产市场的繁荣,国外企业一方面努力提高产量,另一方面也将普通制浆造纸线转为纤维素纤维生产线或新建纤维素纤维线;同时,国内企业也转向纤维素纤维的生产或投资新建项目。

1.3 纤维素纤维的性能指标

纤维素纤维是有别于造纸用普通化学浆的特种浆料,它具有自己独特的性能要求,如较高的α-纤维素含量和较低的半纤维素含量。除此之外,纤维素纤维对纤维素的黏度、摩尔质量及其分布和浆料的反应性能都有特殊的要求和规定。

1.3.1 纤维素纤维的化学纯度

纤维素纤维是高等级的化学浆,它具有较高的α-纤维素含量(>90%),较低的半纤维素含量(2%~4%),微量的木质素,以及基本不含有抽出物和其他杂质成分。纤维素是纤维素纤维的主要化学成分,α-纤维素的含量代表纤维素纤维的化学纯度。在纤维素纤维的生产过程中应该最大限度地去除纤维中的木质素、半纤维素和其他杂质成分。对于酸性亚硫酸盐纤维素纤维,大部分木质素和主要的半纤维素在制浆过程中溶出,后续的化学漂白工艺可以进一步去除木质素同时降低半纤维素的含量；对于预水解硫酸盐纤维素纤维，预水解步骤可以去除大部分的半纤维素，蒸煮过程能够溶出大量的木质素，最后漂白工艺可以再次精炼纸浆，提高纤维素纤维的纯度。一般而言，针叶材纤维素纤维比阔叶材纤维素纤维的α-纤维素含量高，预水解硫酸盐纤维素纤维比酸性亚硫酸盐纤维素纤维的纯度偏高。

纤维素纤维的化学纯度能够显著地影响纤维素纤维下游产品的生产工艺、操作条件以及终端产品的质量。纤维素纤维的化学纯度偏低，即α-纤维素含量较低，意味着纤维素纤维中含有较多的半纤维素和木质素等非纤维素成分。纤维素纤维中半纤维素的存在会对黏胶纤维的生产和产品性能产生极其不利的影响，半纤维素会增加化学品的消耗，延长生产周期，导致过滤困难等，同时它也会影响黏胶纤维产品的强度和黏度，降低产品的等级。纤维素纤维中的木质素会降低纤维素纤维产品的白度，还会带来产品的反黄问题。

在科学研究和实际生产中，有多种指标可以反映纤维素纤维的化学纯度。其中，α-纤维素的含量是公认的质量指标，多用 $R_{17.5}$ 表示。纤维素纤维样品在 17.5% 的 NaOH 溶液中处理 60 min（25 ℃ ± 0.5 ℃），不溶解的部分（$R_{17.5}$）即为 α-纤维素，溶解的部分用 $S_{17.5}$（100 - $R_{17.5}$）表示。提高 NaOH 的浓度至 18%，在其他反应情况相同的条件下，溶解的部分（S_{18}）为纤维素纤维中半纤维素，不溶解的部分用 R_{18} 表示。最近，Duan 等人提出应结合单糖的检测以辅助 α-纤维素的含量表征纤维素纤维的化学纯度。借助单糖检测，可以获得纤维素纤维中葡萄糖（纤维素）含量的信息，它是一种更纯粹意义上表征纤维素中纤维纤维素含量的检测方法。

根据纤维素纤维中纤维素含量的高低，可以划分纤维素纤维的等级，低等级的纤维素纤维（α-纤维素含量 90%~96%）多用于生产黏胶纤维；高等级的纤维素纤维（α-纤维素含量 >96%）可以制备醋酸纤维等特种纤维素产品（表 1-8）。

表 1-8 不同等级纤维素纤维的化学成分

产品等级	黏胶纤维	硝化纤维	帘子线	醋酸纤维
$R_{17.5}$/%	89.7	91.8	98.2	97.7
S_{18}/%	4.5	5.8	1.1	1.1~2.9
木糖/%	1.1	1.5	0.6	0.6
甘露糖/%	1.5	2.3	0.7	0.8
抽出物/%	0.16	0.13	0.01	0.04
灰分/%	0.19	0.15	0.09	0.05~0.09
二氧化硅/%	0.002	0.002	0.003	0.002~0.004
铁/(mg/kg)	2.0	4.0	5.0	2.0~4.0
铜/(mg/kg)	0.1	0.3	1.0	0.1~1.0
数均摩尔质量/(g/mol)	0.01	0.10	0.30	0.04~0.10

1.3.2 纤维素纤维的反应性能

纤维素纤维的反应性能(reactivity)，也是衡量纤维素纤维质量的重要指标，对纤维素纤维及其下游行业的生产和发展有着重要的意义。广义上，它表征纤维素纤维与化学试剂的反应能力，如黏胶行业生产过程中的碱化反应和黄原酸化反应；分子水平上，它表示纤维素链上羟基和化学药品之间的反应能力，如纤维素的醇羟基与 NaOH 和 CS_2 的反应(黏胶纤维的生产)。纤维素纤维的反应性能整体代表纤维素纤维实际生产中的应用效果，它也可以表示为纤维素纤维的溶解性，即能够生产良好过滤性能原液的程度和水平。

目前，纤维素纤维行业中有两个主流参数用于表征纤维素纤维反应性能：中国过滤性能(多见于国内研究)和 Fock 反应性能(多见于国外研究)。中国过滤性能是参照 FZ/T 50010.13—2011《粘胶纤维用浆粕 反应性能的测定》和 FZ/T 50010.14—2014《粘胶纤维用浆粕 过滤阻值的测定》标准定义的，主要步骤如下：①纤维素纤维样品溶解在 13.7% 的 NaOH 溶液中；②均匀混合浆料和碱液，生成碱纤维素；③加入 CS_2，与碱纤维素反应生成纤维素磺酸盐；④过滤黏胶溶液，检测纤维素纤维的过滤性能。中国过滤性能(黏胶过滤值)是中国溶解浆和纺织行业常用的黏胶用溶解浆纤维素纤维反应性能的表征参数，它指的是样品制备成的黏胶液通过孔隙直径相同容积所用的时间差，时间越短，其反应性能越好。

Fock 反应性能是目前国际上最为常用的表征溶解浆纤维素纤维反应性能的参数指标。它是通过 Fock 等人于 1959 年建立的一种测试方法(通常被称为 Fock 测试)进行测试的，其主要步骤包括：准确称样、样品预碱化、黄原酸化、黏胶液定量、分离黏胶和未溶解的纤维素、黏胶液中纤维素析出并去除 CS_2、酸化并氧化纤维素、反滴定计算反应性能(溶解纤维素占样品的比例)。Fock 测试是黏胶纤维生产的一个简化过程，其能够相对准确的表征溶解浆可以转化成黏胶纤维的比例。然而，由于整个过程比较烦琐复杂，其检测结果通常有较大的误差，其不同时间段进行的平行测试的标准偏差可达 10%。对于 Fock 测试结果有影响的因素很多，被测试原料的质量和水分，碱化时碱液的浓度和用量，黄原酸化反应时 CS_2 的用量，以及黄原酸化反应的温度和时间都会影响 Fock 测试结果的准确性，其中黄原酸化反应的温度和 CS_2 的用量是 Fock 测试的两项关键参数。Tian 等人对 Fock 测试的重现性进行了系统研究，并对 Fock 测试方法进行了改进。通过对 Fock 测试的条件参数的统一控制，改进后的 Fock 测试结果标准偏差可以控制在 1% 左右。值得注意的是，在 Fock 反应性能的检测过程中，NaOH 溶液和 CS_2 的加入量(相对于浆料)都要比中国过滤性能的高很多。

纤维素纤维的反应性能取决于纤维素对化学药品(黏胶纤维的 NaOH 和 CS_2)的可接触状态和可及度。从纤维的表观形态层面讲，纤维表面的孔隙容积和孔隙直径，纤维的比表面积、纤维的长度和宽度、纤维细胞壁的结构(层数和致密程度)都会影响纤维素纤维的反应性能。对纤维素大分子而言，原细纤维(elementray fibril)和微细纤维(micro fibril)表面的暴露程度、纤维素的超分子结构、纤维素无定形区和结晶区的比例，以及纤维素的晶型等都能控制纤维素对化学药品的可及度。相应地，科研工作者已经研发多种策略提高纤维素纤维的反应性能和可及度：破除纤维的初生壁，扩展纤维表面的孔隙，分丝帚化纤维素纤维，松散紧致的纤维结构等。Miao 等利用纤维素酶提升预水解硫酸盐纤维素纤维的反应性能；Tian 等研究机械处理对改善预水解硫酸盐纤维素纤维反应性能的可能性；Duan 等总结：由于酸处理对纤维细胞壁的破坏作用，酸性亚硫酸盐纤维素纤维比预水解硫酸盐纤维素纤维具有更高的反应性能。

纤维素纤维的反应性能影响再生纤维素生产过程中化学药品的消耗量，控制生产过程对环境的影响，并决定纤维素产品的性能。在黏胶纤维的生产过程中，提高纤维素纤维的反应性能，能够降低 CS_2 的使用量，降低生产成本和减小环境污染，提高黏胶液的过滤性能和再生纤维素的可纺性，也会提升再生纤维素产品的强度和弹性，增加黏胶纤维的质量和等级。

1.3.3　纤维素纤维的黏度和聚合度

纤维素是一种高分子化合物，因此纤维素纤维具有一定的黏度（intrinsic viscosity，IV）和聚合度。通常工业上要求纤维素纤维的特性黏度在 400～600 mL/g 范围，在黏胶纤维生产过程中的老化阶段下降至 200～250 mL/g，相应地纤维素纤维的聚合度要求控制在一个较为合理的范围内，即 200～1200。因此，在纤维素纤维生产黏胶纤维的过程中，黏度/聚合度是纤维素纤维的约束性指标。纤维素的摩尔质量分布也是衡量纤维素纤维质量的重要指标，它反映纤维素摩尔质量的分布程度，代表纤维素纤维的均匀性和均一性。

纤维素的摩尔质量测定方法包括化学法（如端基分析法）、热力学方法（如渗透压法、蒸汽压下降法、沸点升高法以及冰点降低法）、动力学方法（如超速离心法、扩散法）、光学方法（如光散射法）以及其他方法（如凝胶渗透色谱法）。其中，凝胶渗透色谱法（gel permeation chromatography，GPC）具有重复性好、测量结果精确以及检测速度快的特点，成为测定纤维素摩尔质量的主要手段。

GPC 的色谱柱中充满多孔性的填料，其具有各种各样、大小不均的表面和内部孔道。当纤维素溶液流经多孔填料时，较小体积/摩尔质量的纤维素分子会进入填料的所有孔道；较大体积/摩尔质量的纤维素分子会进入填料的较大孔隙直径的通道；超大体积/摩尔质量的纤维素分子很难进入填料的通道。随着流动相溶液的洗脱，超大体积纤维素分子流经最短路径因而最先通过色谱柱，最小体积纤维素分子流经最长路径因而最后通过色谱柱，最终实现不同体积纤维素分子的分离。在进行纤维素分子的 GPC 检测之前，需要对纤维素进行溶解，通常采用 DMAc/LiCl 作为溶剂和流动相。该体系需要较长的溶解时间，且尽量避免水分存在。此外，还可以对纤维素原料进行衍生化处理，然后制备纤维素分子的溶液。

当纤维素分子或者衍生物溶解在溶液体系中，增加体系中成分之间的摩擦力，使体系变得黏稠，降低体系的流动性。体系黏度的变化与纤维素的摩尔质量之间具有直接的对应关系，还受到纤维素的分子结构和形态等影响。纤维素分子黏度的表征方式通常包括相对

黏度 η_r、增比黏度 η_{sp}、比浓黏度 $\eta_{sp/c}$ 以及特性黏度 $[\eta]$。黏度法测纤维素摩尔质量的设备简单，操作方便，适用范围宽，精确度高，是我国纤维素摩尔质量测定的标准方法。在我国检测纤维素摩尔质量的标准方法中，纤维素首先溶解在铜乙二胺溶液中，然后采用北欧标准毛细管黏度计检测纤维素的特性黏度。

降低纤维素的黏度、聚合度、摩尔质量，能够提高纤维素与化学试剂的反应能力，进而提升纤维素纤维的反应性能，减少 CS_2 的用量，缩短生产周期；但摩尔质量过低（DP<200），不仅会造成纤维素的黄原酸化反应不均匀，还能够形成黏稠的凝胶，增加过滤困难，并且影响再生纤维的物理强度性能。提高纤维素的摩尔质量，会导致纤维素的碱化和黄原酸化反应不完全，容易堵塞喷丝嘴，降低过滤性能。所以，适当降低纤维素纤维的黏度，控制浆料的聚合度，提高纤维素摩尔质量的均匀性，减小其多分散性，对纤维素纤维生产黏胶纤维有重要意义。

Miao 等利用纤维素酶处理改善纤维素纤维的性能，提升纤维素纤维的等级，0.5 U/g 的纤维素酶处理预水解硫酸盐纤维素纤维，纤维素的摩尔质量从 263 000 g/mol 下降到 208 900 g/mol，纤维素纤维的特性黏度也从 634 mL/g 下降为 490 mL/g，这最终造成纤维素纤维反应性能的提升（从 47.67% 至 66.02%）。

Tian 等通过机械处理发现：10 000 r 的磨浆处理商品级的预水解硫酸盐纤维素纤维，其特性黏度从 656 mL/g 下降至 606 mL/g，纤维素的结晶度也从 1.27 降低至 1.22，而纤维素纤维的 Fock 反应性能随之增加；3 min 的粉碎机处理也降低纤维素纤维的特性黏度（656 mL/g 下降至 510 mL/g）和结晶度（从 1.27 下降至 1.13），但提高它的反应性能（从 49.27% 上升至 67.47%）。

1.4 纤维素纤维的精炼纯化技术

如前所述，纤维素纤维要求较高的 α-纤维素含量，较低的半纤维素含量。在天然植物纤维原料中，半纤维素的含量一般为 20%~30%（棉花等除外），预水解硫酸盐纤维素纤维的预水解工序和酸性亚硫酸盐纤维素纤维的蒸煮工序能够溶出纤维原料中的大部分半纤维素，再经过漂白的深度处理，半纤维素被进一步降解去除，最终成品纤维素纤维中 α-纤维素的含量高于 90%。随着经济的发展和科学技术的进步，市场对纤维素纤维提出更高的标准和要求，因此精炼纯化纤维素，提高纤维素纤维的等级已经是纤维素纤维行业的迫切任务。

1.4.1 纤维素纤维的碱性纯化技术

蒸煮漂白工序已经去除植物纤维原料中的大部分半纤维素，为制备更高等级的纤维素纤维，需要进一步降低半纤维素的含量，即纤维素纤维的再纯化处理。经过漂白工艺，纤维素纤维中残余的半纤维素或已经被钝化，或深藏于纤维细胞壁的内部，纤维素纤维的后续精炼纯化也是相当困难。由于半纤维素具有较高的碱溶性，碱纯化处理（caustic extraction）是非常有效地降低纤维素纤维中半纤维素含量的手段。常用的碱纯化手段有两种：冷碱抽提纯化（cold caustic extraction，CCE）和热碱抽提纯化（hot caustic extraction，HCE）。

1.4.1.1 冷碱抽提纯化

冷碱抽提纯化是去除纤维素纤维中半纤维素的最佳工艺技术。冷碱抽提纯化要求特定的工艺条件：25~45 ℃的室温条件，1.2~3.0 mol/L的高浓度碱溶液，30~60 min的处理时间。冷碱抽提处理的主要机理是纤维素纤维在碱液中的润胀和半纤维素在碱液中的溶解脱除，因此它是一个纯粹的物理纯化过程。Li 等总结了冷碱抽提纯化溶出半纤维素、提高纤维素纤维纯度的主要过程：①纤维素纤维在碱液中浸泡，NaOH润胀并疏松纤维素的纤维结构；②半纤维素和纤维素之间的氢键断裂，半纤维素成为游离状态；③游离的半纤维素溶解在碱液中，并根据浓度差溶出纤维结构，进入外部体系中。

纤维在碱液中的润胀程度决定冷碱抽提纯化溶出纤维素纤维中半纤维素的能力。根据Bartunek 和 Dobbins 等人研究，NaOH（作为电解质）的引入能够打破体系中水束（clustered water）和自由水（free water）之间的平衡，从而形成非结合水（unbound/monomeric water）；非结合水分子能够渗透进入微细纤维内部结构，破坏纤维素大分子之间的氢键，进而导致纤维润胀；这种润胀能够提高纤维素结晶结构对水合离子（hydrated ions）的可及度，反过来又进一步增加纤维素纤维在碱液中的润胀。所以在碱液系统中，未结合水分子和水合钠离子的比例（即碱液浓度）共同决定纤维的润胀程度：碱溶液浓度过高，未结合水分子的数量下降，水合钠离子进入纤维内部结构的能力也随之降低；碱溶液浓度过低，水合钠离子的数量降低，水合钠离子渗透到纤维内部结构的深度亦受限制。因此，纤维最佳润胀状态下的碱溶液浓度必定能够使水合钠离子完全渗透纤维的整体结构，此时的碱溶液浓度大约为10%。

Li 等利用4%和8%的NaOH溶液（10%的纸浆纤维浓度，25 ℃，30 min）处理针叶材酸性亚硫酸盐浆，其半纤维素含量从9.5%分别下降到7.8%和4.6%；Puls 等针对NaOH溶出半纤维素的能力进行研究，他们发现冷碱抽提纯化（10%的NaOH，30 ℃，60 min）处理后，桦木硫酸盐浆中纤维素的含量从75.4%提高到95.0%，而聚木糖的含量从24.1%降低到4.7%；Schild 等研究 CCE 处理对不同桉木浆碳水化合物含量的影响，硫酸盐浆的聚木糖含量从18.6%下降到4.0%，纤维素含量从91.5%上升到98.5%；碱-蒽醌浆的聚木糖含量从19.7%下降到6.7%，纤维素含量从94.0%上升到98.0%。

冷碱抽提纯化能够快速有效地脱除半纤维素、提高纤维素纤维的α-纤维素含量和纯度，并且对纤维的损伤较少、纸浆得率损失较低（α-纤维素含量提高1%，得率下降1.2%~1.5%）。但由于冷碱抽提纯化需要较高的碱溶液浓度（8%~10%的NaOH），因此化学品的用量较高，回收相对困难。同时高浓度碱溶液导致的纤维高度润胀，要求多段洗涤，这也增加设备投资和生产成本。高浓度的NaOH也导致纤维素晶型的转变，Ⅰ型纤维素(天然纤维素)经过碱纤维素,最终转变为Ⅱ型纤维素(再生纤维素)。Ⅱ型纤维素结构对纤维素纤维品质有重要的影响,在生产过程中需要合理的调整和控制。

1.4.1.2 热碱抽提纯化

工业实际生产中,热碱抽提纯化是纯化纤维素纤维的主流手段,其操作条件为:95~145 ℃的温度,0.1~0.4 mol/L的碱溶液浓度,45 min的处理时间。热碱抽提纯化技术涉及多个碳水化合物的降解反应:糖苷键的断裂、β-烷氧基的逐个降解(还原性末端基的剥皮反应)及直到糖醛酸生成的终止反应。所以,热碱抽提纯化是一个半纤维素降解的化学过程,并产生一系列的短链有机酸碎片。半纤维素的剥皮反应过程中一般会有40~50个还原性末端基的脱落,才能生成抗碱性的糖醛酸。

Li等检测热碱抽提纯化溶出半纤维素的效果,利用HCE(100g/L的NaOH,10%的纸浆纤维浓度,135 ℃,45 min)处理针叶材酸性亚硫酸盐浆(10.32%的半纤维素含量,89.99%的纤维素含量),半纤维素的含量下降到4.57%,α-纤维素的含量上升到94.86%,但是造成17%的纸浆得率损失。Gehmayr和Sixta探讨热碱抽提纯化对针叶材亚硫酸盐浆中半纤维素含量的影响,结果表明4 wt%和8 wt%NaOH(相对于绝干浆料)的HCE处理可提升葡萄糖的含量(从84.3%分别到91.7%和94.3%),降低甘露糖的含量(从6.6%分别到2.8%和1.5%)和聚木糖的含量(从3.9%分别到3.2%和2.9%)。

高温度低浓度碱溶液的处理方式,使热碱抽提纯化工艺非常适合酸性亚硫酸盐纤维素纤维的生产;而预水解硫酸盐纤维素纤维中的碱性蒸煮可以认为是加强版的热碱抽提纯化,所以热碱抽提处理对提高预水解硫酸盐纤维素纤维纯度的贡献受到一定程度的限制和影响。热碱抽提纯化涉及碳水化合物的碱性降解,它会造成一定的得率损失,一般纤维素纤维中α-纤维素含量每提高1%会造成3%的得率损失。除可以降低半纤维素的含量,热碱抽提纯化还能够溶出树脂抽出物(脂肪、蜡等),以及去除纤维中残存的木质素。

1.4.2 纤维素纤维的酶纯化技术

随着人类环保意识的增强,纤维素纤维行业亟须研究开发新型绿色无污染的纤维素纯化工艺,酶处理技术恰恰迎合了这一行业要求。酶纯化是一种生物处理技术,针对纤维素纤维必须溶出半纤维素的特点和要求,聚木糖酶(xylanase)和甘露糖酶(mannose)已经得到广泛应用。类似于纤维素的酶水解,半纤维素的水解也是多种酶的协同作用。首先是内切酶随机切断半纤维素的骨架结构,产生低聚糖,随后被半纤维素外切酶作用,形成单糖。纤维素纤维中半纤维素酶的应用,主要是断裂半纤维素分子链,降低半纤维素的聚合度,进而提高半纤维素的溶解度(半纤维素的分子链越短,半纤维素的溶解度越大),最终降低纤维素纤维中半纤维素的含量,达到纯化纤维素纤维的目的。阔叶材中的半纤维素主要为聚木糖,因此多用聚木糖酶作用阔叶材纤维素纤维;针叶材中同时含有甘露糖和聚木糖,所以处理针叶材纤维素纤维时需要采用甘露糖和聚木糖的混合半纤维素酶。归功于生物酶的专一性,甘露糖酶和聚木糖酶可以选择性地降解半纤维素,而保持纤维素链的完整性,使纤维素得率达到最大化。

Christov 和 Prior 报道聚木糖酶能选择性降解溶出半纤维素，处理条件为 1500 U/g 的木糖酶，pH 值为 4.5，处理时间为 24 h，处理温度为 40 ℃，最终酸性亚硫酸盐纤维素纤维中聚木糖的含量下降 31%，水解液中木糖的含量为 0.045 mg/mL。Gübitz 等利用酶处理精炼针叶材亚硫酸盐纤维素纤维，以提高其 α-纤维素的含量。结果显示，混合的半纤维素酶处理（300 U/g 的聚木糖酶和 300 U/g 的甘露糖酶，pH 值为 4.5，50 ℃，5% 的纸浆纤维浓度，10 h）能够溶出未漂浆中 47% 的聚木糖和 51% 的甘露糖，或者漂白浆中 28% 的聚木糖和 30% 的甘露糖，或者纯化浆中 29% 的聚木糖和 31% 的甘露糖。Gehmayr 等研究聚木糖酶在黏胶用硫酸盐纤维素纤维生产过程中的应用，他们用 1000 U/g 的聚木糖醇作用氧脱木质素的桉木硫酸盐浆，浆料中的聚木糖含量从 22.5% 下降到 12.1%，50% 的半纤维素可以被溶出，同时己烯糖醛酸的含量也从 49.2 μmol/g 下降到 25.4 μmol/g。

1.4.3 纤维素纤维的其他纯化技术

1.4.3.1 Nitren 处理

Nitren 是一种由 $N[CH_2CH_2NH_2]_3$ 和氢氧化镍，按照 1∶1 的比例混合而成的强碱溶剂（pH 值为 13）。Nitren 的浓度决定其纯化溶出半纤维素的效果，Nitren 的浓度越大，溶出半纤维素的能力越强。Nitren 溶解半纤维素的原理是：Nitren 能够和木糖/甘露糖脱水单元上 C_2 和 C_3 位置的羟基反应，形成配位结合，断裂半纤维素分子链之间以及内部的氢键，使半纤维素分子链变短，并呈游离状态，最终溶解在 Nitren 体系中。Nitren 处理的条件一般为：6% 的 Nitren 浓度，20~40 ℃，1 h。

Janzon 等研究不同浓度的 Nitren 精炼硫酸盐浆，结果显示，3% 的 Nitren 处理后桦木和桉木硫酸盐浆的 α-纤维素含量分别从 75.4% 提高至 87.8% 和从 84.7% 提高至 92.2%；5% 的 Nitren 处理后桦木和桉木硫酸盐浆的 α-纤维素含量分别从 75.4% 提高至 93.6% 和从 84.7% 提高至 95.2%，其他处理条件为 Nitren∶硫酸盐浆为 10∶1，30 ℃，60 min。Santos 等用 Nitren 纯化针叶材酸性亚硫酸盐纤维素纤维，研究发现经过 3%、5% 和 7% 的 Nitren 处理，纸浆中甘露糖的含量分别下降 10%、20% 和 28%，聚木糖的含量分别下降 52%、71% 和 81%。

1.4.3.2 离子液体处理

离子液体（ionic liquid）是一种有机阳离子和无机阴离子组成的复合物，它的熔点比较低，在 100 ℃ 以下就可以呈液体状态（液态盐类）。离子液体是一种应用广泛的溶液，它能够溶解无机和有机的小分子以及聚合物。离子液体具有良好的热稳定性，宽泛的液体温度范围，以及优良的溶剂化性质。离子液体中常见的阳离子有季铵盐离子、季鏻盐离子、咪唑盐离子和吡咯盐离子等，常见的阴离子有氯离子、溴离子、四氟硼酸根离子和六氟磷酸根离子等。离子液体的阴离子与半纤维素链/纤维素链中羟基上的氢原子形成氢键，同时阳离子与半纤维素链/纤维素链中羟基上的氧原子发生作用，从而破坏半纤维素之间或半纤维素与纤维素之间原有的氢键。

离子液体无色无臭，不易挥发，不会引起环境污染等问题，并以其良好的溶出纤维素纤维中半纤维素的能力，成为精炼纯化纤维素纤维的新宠儿溶剂。但目前离子液体的研究还处于初期阶段，对离子液体的作用机理还需要进一步研究，同时离子液体的生产成本较高，高纯度离子液的体制备也更加困难。

1.4.3.3 NMMO 处理

N-甲基吗啉-N-氧化物是一种脂肪族的环状叔胺氧化物，即 N-methylmorpholine-N-oxide(NMMO)。N—O 键是一种强极性的化学键，其极性大于 C—O 键，因此可以和化合物中的羟基形成氢键。在 NMMO 处理纤维的过程中，NMMO 的 N—O 基团能够与半纤维素分子中的羟基发生作用，产生新的氢键，从而破坏半纤维素和纤维素之间以及半纤维素分子间的氢键连接。NMMO 的浓度决定 NMMO 的纯化效果，高浓度的 NMMO 不仅能够溶出半纤维素，也能够对纤维素的结合造成一定的破坏作用，导致纤维素的溶解和损失，所以 NMMO 的浓度一般控制在 80% 以下，以便最大限度地溶出半纤维素，且保留纤维素。

作为新型溶剂，NMMO 以其绿色、高效和可回收的特性开始应用于纤维素纤维行业中，但在实际生产过程中，它还面临一些问题和困境：NMMO 纯化半纤维素需要一定的温度，一般在 90 ℃ 以上；NMMO 不稳定，受热易分解，甚至产生爆炸，因此其生产过程中需要加入稳定剂；NMMO 的氧化降解会断裂 N—O 键，释放出胺类等有毒和污染物质。

1.5 纤维素纤维的溶解技术

通过酸性亚硫酸盐策略或者预水解硫酸盐策略从植物纤维原料中制备的纤维素是以纤维形式存在的。为了对纤维素分子进行物理化学改性，或者设计多功能、高性能的纤维素材料，需要利用化学试剂溶解纤维素纤维进而制备纤维素分子的溶液，为其功能化改性奠定基础。

1.5.1 纤维素纤维的分子结构

葡萄糖单元通过糖苷键连接构成纤维素分子，纤维素分子进一步通过分子间氢键和分子内氢键初步构成原细纤维，然后组装为微细纤维，并最终构筑纤维素纤维。因此，纤维素可以呈现典型的二级结构：链结构、聚集态结构。

1.5.1.1 纤维素的分子链结构

链结构(一级结构)表明一个纤维素分子链中原子或基团的几何排列情况。其中又包括尺度不同的二类结构，即近程结构和远程结构。天然纤维素具有典型的高分子结构特征，由吡喃葡萄糖单元通过 1,4-β 糖苷键连接而成的线性高分子，其化学结构式为 $(C_6H_{10}O_5)_n$ (n 为葡萄糖单元的数量)。纤维素分子由碳、氢、氧 3 种元素构成，为碳水化合物。

纤维素是由葡萄糖单元构建的线性化合物，因此纤维素分子的链结构，主要包括纤维素分子中官能团的种类和位置、糖单元的数量和链接方式以及分子链的柔顺性和结构转换。

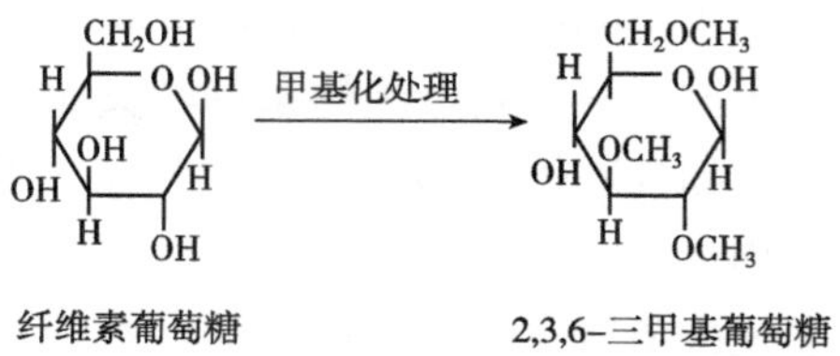

通过水解处理纤维素可以获得葡萄糖单元。如果在水解反应之前对纤维素试样进行甲基化处理，可以获得 2，3，6 位为甲氧基的葡萄糖单元（图 1-11）。因此，说明初始纤维素分子中葡萄糖单元的 2，3，6 位碳原子连接游离的羟基，可以作为纤维素分子的主要反应位点。其中纤维素分子的 C_2 和 C_3 位置的羟基为仲羟基，C_6 位置的羟基为伯羟基，它们具有不同的反应能力：纤维素的酯化反应优先发生于 C_6 位置羟基；纤维素的醚化反应优先发生于 C_2 位置羟基。

图 1-11 纤维素分子甲基化处理在 2，3，6 位置引入甲氧基

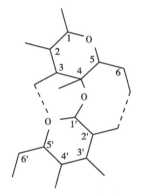

图 1-12 Gardner 和 Blackwell 的纤维素分子氢键

纤维素相邻葡萄糖单元的羟基会形成大量的分子内氢键，例如 $O_2—H \cdots O_6$ 和 $O_3—H \cdots O_5$，限制葡萄糖单元中羟基的分子转动（图 1-12）。通常只有 C_6 的伯羟基（—CH_2OH）可以围绕 $C_5—C_6$ 键旋转。根据 $C_6—O_6$ 与 $C_5—O_5$ 和 $C_5—C_4$ 键的位置关系，可以形成纤维素分子的 3 种构象：tg 构象、gg 构象和 gt 构象。其中 t 代表反式（trans），g 代表旁氏（guache）。tg 构象为纤维素的 $C_6—O_6$ 键位于 $C_5—C_4$ 键的同侧、$C_5—O_5$ 键的反侧；gg 构象为纤维素的 $C_6—O_6$ 键位于 $C_5—C_4$ 键和 $C_5—O_5$ 键的同侧；gt 构象为纤维素的 $C_6—O_6$ 键位于 $C_5—C_4$ 键的反侧、$C_5—O_5$ 键的同侧。研究表明，天然纤维素分子具有典型的 tg 构象。

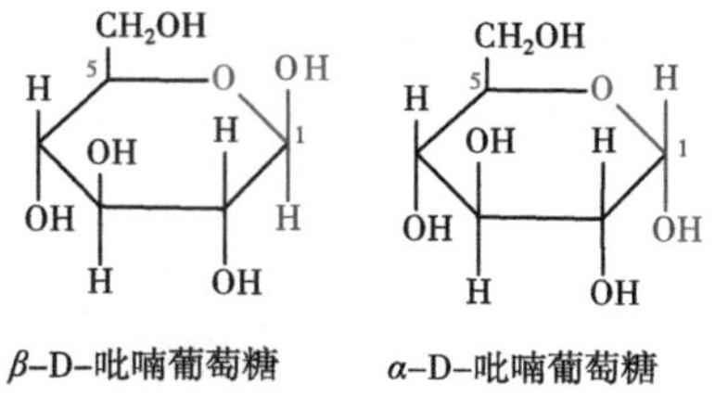

进一步采用化学手段处理纤维素的葡萄糖单元，其 $C_1—O_6—C_5$ 的醚键会发生断裂，生成 C_1 位置的醛基（—CHO）和 C_5 的位置羟基（—OH）。因此，纤维素葡萄糖单元的环状结构是由—OH 和—CHO 基团反应形成的，即构建葡萄糖环的半缩醛结构（hemiacetal group）或隐性醛基。在葡萄糖单元的 Fischer 表征图中，即葡萄糖单元的开环状态下，C_5 位置的羟基位于 Fischer 表征图的右侧表示

图 1-13 葡萄糖分子的 β 构型（左侧）和 α 构型（右侧）

葡萄糖单元的 D 构型（D configuration），C_5 位置的羟基位于 Fischer 表征图的左侧表示葡萄糖单元的 L 构型（L configuration）。此外，在葡萄糖单元的闭环结构中，C_1 位置的羟基与 O_5 处于异侧则表示 α 构型，反之则为 β 构型。纤维素大分子中的葡萄糖单元均呈现 β-D 构型（图 1-13）。构型是指分子中的基团或原子团化学键所固定的空间几何排列，这种排列是稳定的，要改变构型必须经过化学键的断裂。

葡萄糖单元中的基团可以围绕连接键产生内旋转运动，如游离羟基功能团，导致其可

以呈现不同的空间形态，即形成葡萄糖单元的不同构象（conformation）。与聚合物分子的构型不同，聚合物分子构象的转变不会断裂其化学键。葡萄糖单元为了保证其结构的稳定性，糖环整体结构（或者不同基团）不是存在同一平面内；且分子热运动致使葡萄糖单元的结构可以在不同构象之间快速转换。葡萄糖单元可以呈现椅式构象（chair conformation）和船式构象（boat conformation）。相比于船式构象，椅式构象具有更低的能量，因此其结构更加稳定，所以葡萄糖单元通常以椅式构象状态存在。葡萄糖单元椅式构象中的羟基功能团都是以平伏键状态连接到葡萄糖环结构中，即C—OH与葡萄糖环中心轴呈现109°28′的夹角。在纤维素分子链的两端，由于没有形成糖苷键，因此可以分别暴露C_1和C_4位置的羟基。C_1位置的羟基在葡萄糖变为开环式结构时可以转化为醛基，因此具有一定的还原性；C_4位置的仲羟基不具有还原性。对于整个大分子而言，纤维素的C_1端具有还原性，而C_4端不具备还原性，因此称整个纤维素分子链具有极性并呈现出方向性，由C_4位置（仲羟基）指向C_1位置（半缩醛羟基）。

1.5.1.2 纤维素的聚集态结构

纤维素分子链的排列可以形成纤维素分子的超分子结构，或者聚集态结构（二级结构）。纤维素分子的超分子结构主要研究纤维素分子的排列模式和特征、分子之间的相互作用情况以及纤维素分子聚集体的性质。纤维素大分子是由单一葡萄糖单元重复性地连接构建，因此纤维素具有相对简单的分子结构；纤维素分子之间主要存在由羟基构建的氢键作用力，使纤维素分子具有规律且致密的聚集态结构。根据X射线衍射的研究结果，纤维素聚集体中部分纤维素分子链取向型良好，分子排列比较整齐，可以呈现有规则、清晰的X射线衍射图，此部分聚集体称为纤维素的结晶区（crystalline region）；另一部分纤维素分子链取向型较差，但大致与纤维主轴平行，分子排列比较松弛，没有X射线衍射图，此部分聚集体称为纤维素的非结晶区（non-crystalline region）或无定形区（amorphous region）。纤维素的聚集体由结晶区和无定形区交错结合的体系，结晶区和无定形区之间无明显界限，如图1-14所示。

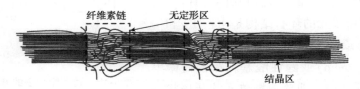

图1-14 结晶区和无定形区构建的纤维素超分子结构

天然存在的纤维素的结晶格子称为纤维素Ⅰ，包括细菌纤维素、海藻和高等植物（如棉花、苎麻、木材等）细胞壁中存在的纤维素。纤维素Ⅰ结晶格子是一个单斜晶体，具有3条不同长度轴和一个非90°夹角。Meyer-Misch模型的晶胞结构具有如下特征：①纤维素分子链占据结晶单元的4个角和中轴；②每个角上的链为4个相邻单位晶胞所共有，每个单位晶胞含2个链。③结晶格子中间链的走向和位于角上链的走向相反。④在轴向高度上彼此相差半个葡萄糖基。

1.5.2 纤维素纤维的溶解策略

纤维素物料可以吸收溶剂，溶剂分子与纤维素分子发生物理化学作用，严重破坏纤维素结晶区和无定形区的结构，如图 1-15 所示，使纤维素分子均匀分散在溶剂中的现象称为纤维素的溶解。纤维素的溶解过程涉及溶剂分子在纤维素内部结构中的充分渗透和扩散，以及纤维素分子在溶剂体系中的扩散，最终实现纤维素分子-溶剂分子的均匀混合溶液，因此纤维素溶液也是热力学稳定的体系。纤维素纤维溶解后可以获得纤维素分子，充分暴露其功能基团，为纤维素的功能化改性提供重要保障。

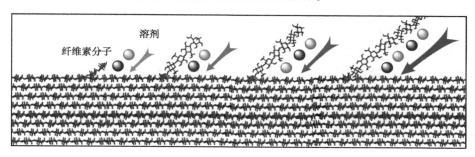

图 1-15 纤维素分子的溶解过程

根据纤维素溶解过程中是否发生化学反应，可以分为纤维素的衍生化溶解（发生化学反应）和非衍生化溶解（未发生化学反应），其中非衍生化溶解体系又包含水性溶解体系和非水性溶解体系。纤维素的衍生化溶解过程中，溶剂分子/离子会与纤维素分子发生化学作用，改变或者影响纤维素自身的物理化学性质，如 PF/DMSO 体系、N_2O_4/DMF 体系等。纤维素的非衍生化溶解过程中，溶剂分子/离子不会与纤维素分子发生化学作用，可以最大限度保留纤维素自身的物理化学性质，如 NaOH/尿素/H_2O 体系、NMMO/H_2O 体系、LiCl/DMAc 体系、离子液体等。

1.5.2.1 水相的非衍生化溶剂

能使纤维素发生非衍生化溶解的水相溶剂主要包括无机碱体系、有机碱体系以及配合物体系。

（1）无机碱体系

无机碱类包括 NaOH、NH_2-NH_2（肼）和辛酸钠等。其中，NaOH 水溶液可以有效润胀纤维素，通过调控 NaOH 的浓度可以实现低摩尔质量纤维素的溶解。1939 年首次采用 NaOH 溶液溶解较低聚合度（DP<250）的纤维素纤维。随后，张俐娜院士团队在 NaOH 溶液中引入尿素（urea）构建 NaOH/尿素/H_2O 体系，成功实现高聚合度纤维素的高浓度溶解，这为该体系后续的研究提供重要的支持。

NaOH/尿素/H_2O 溶剂体系溶解纤维素的原理：体系中的 OH^- 和尿素分子会与纤维素分子中的羟基结合产生新的氢键结构，从而破坏纤维素分子间原有的氢键网络。在溶解体系氢键网络重构的过程中，纤维素分子会从纤维基质中剥离，最终实现纤维素的溶解。此外，尿素形成水合物可以包覆脱落的纤维素分子链并形成蠕虫状复合物，这可以防止溶解纤维素分子的重新聚集。7 wt%的NaOH和12 wt%的尿素组成的体系在预冷条件下对纤维素具有出色的溶解能力，该体系的预处理温度为-12 ℃时，在5 min内即可溶解2.5%的纤维素，提高体系温度反而不利于纤维素的溶解。此外，纤维素在NaOH/尿素/H_2O体系的溶解度随着纤维素摩尔质量和结晶度的增加而降低。整体而言NaOH/尿素/H_2O体系具有较低的材料成本，但其对纤维素的溶解能力较弱，纤维素的溶解度较低，且该体系的低温操作条件会增加生产难度和成本，对该体系溶解纤维素的产业化造成一定的限制作用。

（2）有机碱体系

有机碱类包括季铵碱[$(CH_3)_4N \cdot OH$]和胺氧化物（amine oxide）等，其中胺氧化物是一种新型溶剂，近年来应用于溶解纤维素取得很大进展。胺氧化物中的N-甲基吗啉-N-氧化物（NMMO）对纤维素具有较好的溶解能力，于1939年被Graenacher等报道，随后Johnson DL在1969年被授权第一个NMMO溶解纤维素的专利。NMMO是一种脂肪族环状叔胺氧化物，它由二甘醇与氨反应生成吗啉，再经甲基化和H_2O_2氧化得到。由于N—O键的高极性，易于形成氢键，同时N-O键易于受攻击，因此，NMMO表现出对纤维素很强的溶解能力，如图1-16所示。

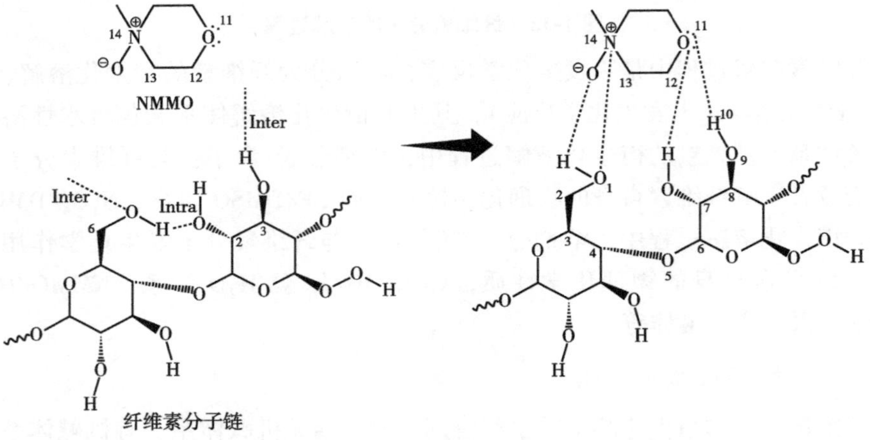

图1-16 纤维素在NMMO体系中的溶解机制

NMMO和水可以构成3种水合物，分别为无水NMMO、NMMO·H_2O和NMMO·2.5 H_2O。与一水合物NMMO·H_2O和NMMO·2.5 H_2O相比，无水NMMO对纤维素具有最佳的溶解能力。无水NMMO具有较高的熔点，其溶解纤维素的过程需要在较高温度下执行，但过高的溶解温度会破坏纤维素的分子结构，导致纤维素分子的剧烈降解，因此基本不采用无水NMMO体系溶解纤维素。NMMO·2.5 H_2O复合物具有较低的熔点，为纤维素的低温溶解提供可行，但体系中过多水分子会降低溶剂对纤维素的溶解能力。与纤维素相比，NMMO更易于与水分子结合形成氢键，这会阻挡NMMO分子与纤维素分子的结合，因此NMMO·2.5 H_2O体系对纤维素的溶解能力较差。NMMO·H_2O体系的含水量为13.3%，熔点为76 ℃，该温度条件下纤维素分子可以较好地保持其分子结构，因此NMMO·H_2O

可以作为溶解纤维素的优良试剂。目前，商业化 NMMO 溶剂的含水量约为 50%。为制备含水量为 13.3% 的 NMMO·H_2O 溶剂，需将商业化的 NMMO 溶剂进行浓缩处理。所以，NMMO 溶剂溶解纤维素的方式可以分为直接溶解法和间接溶解法。直接法是将含水率为 50% 的商业 NMMO 水溶剂浓缩至含水率为 13.3% 的 NMMO·H_2O 溶剂，然后再溶解纤维素。间接法则为首先将纤维素原料和含水量为 50% 的 NMMO 溶剂进行混合，然后再将混合溶液中的水分蒸发至 13.3%。

NMMO·H_2O 体系在 80～130 ℃ 的温度和 60 min 的时间条件下可以溶解 3%～10% 浓度的纤维素原料。在高温溶解过程中，NMMO 会氧化纤维素，断裂葡萄糖单元之间的糖苷键，导致纤维素分子的降解，同时也会引发 NMMO 自身的分解损失。通过引入一些化学助剂，例如没食子酸酯以及羟胺等，可以提高体系的稳定性，缓解 NMMO 的分解和纤维素分子的降解。NMMO 溶剂对纤维素的溶解能力较强，且其回收率较高，已经实现产业化应用生产 lyocell 再生纤维。

(3) 配合物体系

配合物体系是较早开发的纤维素溶剂，如铜氨 [$Cu(NH_3)_4$]$(OH)_2$、铜乙二胺 [$Cu(En)_2$]$(OH)_2$、钴乙二胺 [$Cu(En)_2$]$(OH)_2$、锌乙二胺 [$Cu(En)_2$]$(OH)_2$、镉乙二胺 [$Cu(NH_3)_4$]$(En)_2$ 等，其中 En 为乙二胺。上述溶解是由金属氧化物或者氢氧化物溶解在氨水或者乙二胺溶液中配置而成。配合物体系溶解纤维素的原理是，纤维素的羟基与金属氨离子或者金属铜乙二胺离子络合形成纤维素的配位离子，从而破坏纤维素分子间的氢键，实现纤维素的溶解。铜氨和铜乙二胺溶液呈现深蓝色，钴乙二胺溶液呈现枣红色，锌乙二胺和镉乙二胺溶液呈现无色。纤维素的铜乙二胺溶液对空气氧化具有较高的稳定性，是检测纤维素聚合度的主要溶剂体系。

1.5.2.2 非水相的非衍生化溶剂

(1) LiCl/DMAc 体系

LiCl/DMAc 是一种在室温条件下均相溶解纤维素且不会显著降解纤维素的非水性溶剂体系，已被广泛用于溶解不同类型的纤维素，成为纤维素分析方法中的重要媒介，如纤维素排阻色谱、核磁共振和光散射等。LiCl/DMAc 体系中，Cl^- 可以攻击纤维素分子的羟基质子形成氢键；Li^+ 吸引游离的 DMAc 分子。为维持 Cl^--Li^+ 离子对的电平衡，形成的 DMAc-Li^+ 进一步结合氢键网络中的 Cl^-，由此重构纤维素分子间原有的氢键，实现纤维素在 LiCl/DMAc 体系中的有效溶解，如图 1-17 所示。

通常，LiCl/DMAc 溶剂由 5%～9% LiCl 组成，能够溶解 2%～6% 的纤维素。作为非水性纤维素溶剂，即使体系水的浓度低于约 0.1M，仍然会对 LiCl/DMAc 溶解纤维素产生扭曲效应。LiCl/DMAc 溶解纤维素的常规方法是对纤维素物料进行机械粉碎、活化、溶剂交换，然后用乙醇，甲醇或丙酮润胀，最后采用 LiCl/DMAc 溶解。LiCl/DMAc 溶解纤维素需要较长时间，一般以天为单位计算。

(2) 离子液体体系

离子液体即室温熔融盐，是一种新型的绿色溶剂。离子液体具有高极化性、化学和热

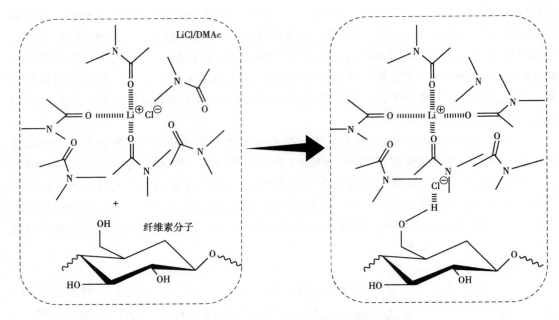

图 1-17　纤维素在 LiCl/DMAc 体系中的溶解机制

稳定性、不可燃性和超低蒸气压等一系列的优点。20 世纪 70 年代，以氯化铝为负离子的室温离子液体出现；80 年代末，氯化铝离子液体第一次用作有机反应的催化剂；90 年代，离子液体第一次用作过渡金属催化的均相反应的溶剂。在 2002 年，Swatloski 等率先指出离子液体可直接溶解纤维素，他们采用氯化 1-丁基-3-甲基咪唑型离子液体在 100 ℃ 条件下制备浓度为 5% 的纤维素溶液。

离子液体通常由有机阳离子和无机/有机阴离子组成，其中阳离子主要包括 1-烯丙基-3-甲基咪唑鎓（$Amim^+$），1-丁基-3-甲基咪唑鎓（$Bmim^+$），1-乙基-3-甲基咪唑鎓（$Emim^+$），1-(2-羟甲基)-3-甲基咪唑鎓（$Hemim^+$）；阴离子通常包括氯离子（Cl^-），乙酸根（Ac^-），四氟硼酸根（BF_4^-）和双氰胺（Dca^-）。离子液体溶解纤维素的原理是离子液体的阳离子和阴离子可以作为电子的给体和受体，能够攻击纤维素分子中氧原子和氢原子，从而破坏纤维素纤维中存在的氢键，并形成离子液体和纤维素分子链之间的氢键，最终实现纤维素纤维在离子液体中的溶解，如图 1-18 所示。

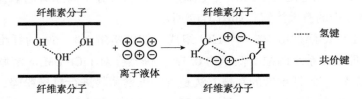

图 1-18　纤维素在离子液体体系中的溶解机制

研究表明，含有强氢键受体的负离子（如 Cl^-）的离子液体可以高效溶解纤维素，而含配位性的负离子，其离子液体溶解纤维素的能力较差。离子液体可以在 60~100 ℃ 的温度下溶解 2%～10%的纤维素原料。通过降低纤维素摩尔质量/聚合度，提高溶解温度或者延长处理时间可以进一步提升纤维素的溶解度(如 25%)。室温离子液体不仅对纤维素具有优良的溶解能力，而且还是一种无毒害、无污染、可回收再利用的高效溶剂，使它成为传统挥发性有机溶剂的理想替代品。离子液体是一种纤维素的高效溶解体系，其大规模生产已经在我国山东建厂试运行。相对而言，离子液体的生产成本较高，尤其离子液体的提纯过程较为复杂。因此在实际生产中，对于离子液体的回收利用(回收率>99.9%)是其规模化应用的关键。

(3) 低共熔溶剂体系

低共熔溶剂(deep eutectic solvent)又称深共熔溶剂，是一种离子液体类似物，既具有离子液体的优良性质(如溶解性强、导电性好以及蒸汽压低等)，又表现出自身独特的优势(如可设计性强、制备简单、生产成本低等)。此外，低共熔溶剂与离子液体也具有本质上的差异性：离子液体是由阴阳离子构成，低共熔溶剂体系中既有离子也有分子，是一种介于一般分子溶剂和离子溶剂之间的溶剂体系。

低共熔溶剂作为新一代的绿色溶剂，最早由 Abbott 等人在 2003 年首次提出，他们发现季铵盐可以与酰胺类化学物形成一种低于各个组分熔点的共熔体系，称之为低共熔溶剂。低共熔溶剂通常由一定化学计量比的氢键受体(hydrogen bond acceptor)和氢键给体(hydrogen bond donor)组合而成。低共熔溶剂体系溶解纤维素的机理类似于离子液体体系，主要是体系中的氢键给体和氢键受体与纤维素分子的氧原子和氢原子结合，实现体系氢键网络的重构，进而完成纤维素的溶解。

低共熔溶剂可设计性强、种类多，其内部组分之间的相互作用较为复杂。探索低共熔溶剂体系中氢键给、受体之间的相互作用以及内在结构，对于开发新型的纤维素溶剂体系具有重要意义。

1.6　纤维素纤维的先进功能材料

基于纤维素的化学反应，在纤维素分子中引入特定的官能团可以调控纤维素的物理和化学性质；在纤维素聚集体中引入特殊材料，也可以优化纤维素的物理和化学性质，进而赋予纤维素优异的力学、光和热管理以及电学等性能，构建先进的纤维素功能材料，实现纤维素广泛且高值化的应用。纤维素功能材料的制备途径主要包括两种方式：自下而上(bottom-up)的组装方式和由上而下(top-down)加工手段。自下而上即首先制备微观的纤维素，然后发生纤维素的物理化学改性，最后组装为宏观的功能化纤维素聚集体材料，该手段可以精细且准确调控纤维素的性质和结构；由上而下即直接对纤维素聚集体材料进行物理化学改性以及微观结构的调控，进而构建纤维素功能材料，该策略的处理过程相对简单，步骤较少。

1.6.1　纤维素力学材料

纤维素力学材料主要探究纤维素的强度、模量/挺度、硬度、韧性以及耐摩擦等指标。

其中强度性能可以利用拉伸、压缩、弯曲、剪切、冲击等实验手段检测分析。

古代人们已经利用富含纤维素的树木、竹子等开发优异力学性能的结构材料，用于建筑、家具、装饰以及生活日用品等。纤维素结构材料展现多尺度的作用模式，包括纤维素分子间和分子内的氢键、纳米纤维的定向排列、微纤维的交织缠绕以及宏观尺度下的层状结构，如图1-19所示，赋予其高的强度、挺度、模量以及耐冲击性能。纤维素材料具有较低的密度（约1.5 g/cm³），因此，其单位密度的抗张强度和挺度已经远远超过部分金属材料和陶瓷材料，如图1-20所示。

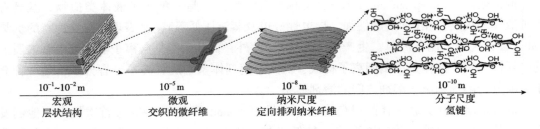

图1-19 纤维素的不同尺度结构

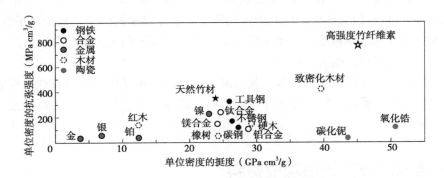

图1-20 高强度竹纤维素材料的力学性能

纤维素分子在组装为块体材料的过程中，容易产生纤维素分子堆叠处的不良接触，难以形成完全致密结合的纤维素结构，导致纤维素块体材料的结构缺陷，从而影响纤维素材料的力学形成。例如，纤维素纳米晶体的拉伸强度超过2.5 GPa，其组装的天然木材的拉伸强度仅仅约为50 MPa（不同材种会有一定差异性），通过致密化处理木材强度约为500 MPa。为降低天然纤维素材料的缺陷，对其进行物理化学处理可以调控其结构和组分特征，如去除无定形的木质素和半纤维素、多孔的薄壁细胞等，从天然纤维素材料中分离优异力学性能的纤维素纤维，其拉伸强度可以达到1.9 GPa。纤维素纤维具有一定的柔韧性和挺度，可以进行编织操作制备高强度的纤维素纤维织物。在纤维素织物中引入树脂等材料可以构建纤维素复合材料，如图1-21所示，其力学性能也可以达到约350 MPa。纤维素复合材料可以应用于地板、家具、墙饰材料、汽车外壳和内饰材料，甚至有望应用于航空航天、轮船以及风车扇叶等。

进一步降低纤维素材料的尺寸，可以获得高力学性能的纤维素纳米纤维，其具有高结

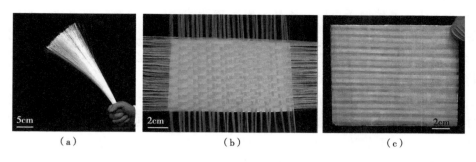

图 1-21 竹纤维素纤维-树脂复合材料

晶度和大长径比的特点。在经过自下而上手段,控制纤维素纳米纤维的组装过程,并调控其材料结构形态,可以构建高强度的纤维材料(>1.5 GPa)、膜材料(>200 MPa)和有机复合材料(>100 MPa)。对上述纤维素材料进行后加工处理,如定向拉伸、热压、分子交联等,可以进一步提升其力学性能。此外,在纤维素纳米纤维体系中引入无机片状材料,构建砖-泥结构,也可以有效改善材料的力学性能,赋予纤维素-无机复合材料优异的韧性和抗裂纹扩展性能,且其强度远高于工程塑料。在纤维素材料中引入无机纳米离子,实现纤维素材料的原位矿化,也是构建高力学性能纤维素-无机复合材料的有效手段。

纤维素具有来源广泛、自然界含量丰富的特点,因此纤维素材料具有较低的成本;纤维素具有可再生可降解特性,因此纤维素材料具有较高的生命周期评价,可构建可持续的结构材料。纤维素结构材料已经展现巨大优势,有望部分替代石油基的结构塑料。

1.6.2 纤维素导电材料

纤维素作为本征绝缘性材料,其自身的导电性能较差,电导率较低,因此需要对纤维素进行改性或者引入导电材料,进而提升纤维素的导电性能。纤维素导电材料可以作为绿色的基底材料、电解质材料、离子传输材料等,构件先进的太阳能电池、锂离子电池、超级电容器、传感器、触摸屏、发光二极管、晶体管、天线以及电磁屏蔽设备等。纤维素导电材料可以分为电子导电材料(electronic conductivity)和离子导电材料(ionic conductivity)。

1.6.2.1 电子导电材料

纤维素电子导电材料主要是依靠材料体系中电子传输实现材料的导电性能,已经展现广泛的应用。常见的电子导电材料包括金属、无机氧化物、导电聚合物以及碳基材料等。

广泛使用的导电金属材料包括金、银、铜以及金属纳米线等。导电金属材料具有大量可自由移动的电子,因此呈现较高导电性。由于金属材料的质地较为细致,光线到达金属表面易发生镜面反射,所以基于金属材料的导电基底通常具有较低的透光率。当金属材料的直径降低到纳米范围以内,如金属纳米线,可以降低甚至消除镜面反射作用。由此制备的金属纳米线基导电基底具有良好的透光率。

对金属材料进行氧掺杂处理可以制备导电金属氧化物,如二氧化锡(SnO_2)、氧化锌(ZnO)、二氧化钛(TiO_2)、三氧化镓(Ga_2O_3)、三氧化铟(In_2O_3)等,此外,进一步在金属氧化物中添加少量其他原子可以制备高导电率掺杂的金属氧化物，如掺杂锡的三氧化铟（ITO）、掺杂铝的氧化锌（AZO）等。无机氧化物本质上是刚性的，这导致无机氧化物与用于制备柔性电子器件的柔性基底之间具有较差的相容性，因此通过引入缓冲层可以提高刚性无机金属氧化物和有机纤维素材料的界面兼容性。

聚合物导电材料是一类含有共轭大 π 键的高分子材料。本征态导电聚合物的电导率比较低，因此需要采用化学或电化学掺杂处理提高聚合物的导电性能。导电聚合物材料主要包括聚吡咯（PPy）、聚苯胺（PANI）、聚噻吩（PTh）等，其分子结构式如图 1-22 所示。导电聚合物作为高分子材料，能够实现与纤维素材料的良好结合，从而制备柔性的电子器件。导电聚合物的电导率相对较低，而其高添加量又容易降低器件的整体透光性能，且对环境造成一定的影响。

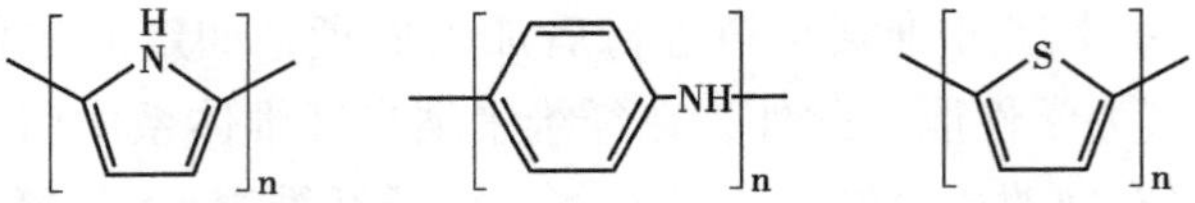

（a）PPy　　（b）PANI　　（c）PTh

图 1-22　导电聚合物材料的结构式

导电碳基材料主要包括石墨烯、富勒烯、碳纳米管和石墨等。对纤维素进行高温处理，可以构建纤维素基碳材料甚至石墨材料。石墨烯具有 sp^2 杂化的六碳环结构，其平面中未参与成键的电子可以与其他电子构成共轭 π 键，由此生成的 π 电子可在石墨烯层平面上自由移动，从而使石墨烯具有良好的导电性。石墨烯具有二维结构，是构成其他碳材料的基本单元。例如，石墨烯可以包裹形成零维富勒烯，卷成一维碳纳米管，逐层叠加形成三维石墨。碳基导电材料具有资源丰富、制作成本较低的优点。已经被广泛应用于电子器件的制备和研究；但碳基导电材料存在易团聚、分散不均匀的缺点，会严重降低柔性电子器件的整体性能。通过表面改性或超声处理等方法可以有效改善碳基导电材料的分散性以及稳定性。

纤维素导电材料的主要制备方法包括机械混合法、原位聚合法、沉积法、印刷法、涂布法、真空抽滤法及自组装法等。

①机械混合法，首先将纤维素分散或者溶解形成纤维素溶液，再将导电材料加入纤维素溶液中，进行机械处理使纤维素和导电材料充分分散，最后蒸发溶液形成纤维素基导电材料。机械混合法能够实现纤维素和导电材料的均匀混合，确保材料的均一导电性能。但机械混合法需要专属的机械混合设备，且该方法的操作能耗比较高。

②原位聚合法，是将反应性单体（或预聚体）与催化剂同时加入纤维素分散相（或连续相）中。单体（或预聚体）在纤维素分散相中是可溶的，而其构建的聚合物在整个体系中是不可溶的，所以聚合反应多发生在分散相芯材表面。在聚合反应的开始阶段，单体首先预聚，接着预聚体进一步聚合，当预聚体的聚合尺寸超过一定体积后便会沉积在芯材物质的表面。采用原位聚合技术制备纤维素导电基底的操作过程相对简单、操作成本相对较低，且导电聚合物能很好地吸附于纤维的表面或是渗透到纤维的内部，最终通过成型处理可以

制备导电性能均一的纤维素导电基底。

③沉积法，是在真空条件下，通过气化导电物质并沉积在纤维素基底材料表面，从而制备导电基底的方法。常用的沉积技术主要包括磁控溅射沉积技术和电子束蒸发沉积技术。沉积法主要用于制备金属及其氧化物基的纤维素导电基底。

④印刷法，是将导电材料制作成导电油墨后转移印制在纤维素基底表面的方法。该方法具有制备简便、重复性良好以及可量产的优势。常见的印刷法方法包括喷墨印刷、丝网印刷、凹版印刷等。

⑤涂布法，是将导电材料分散液均匀涂覆在纤维素基底表面的方法。该方法具有操作简单、加工性能稳定的优点。

⑥真空抽滤法，是基于大气压力与所产生的真空之间形成的压差，使导电材料沉底到纤维素基底表面的方法。真空抽滤法具有快速、简单、可扩展的特点。

⑦自组装法，是以不同种类与功能的材料为组装单元，在驱动力条件下按照特定顺序自发进行组装，形成多层复合基底的方法。自组装法的驱动力主要包括静电作用、氢键以及配位键等。自组装法操作简便易行，无须特殊装置，具有沉积过程和基底结构的分子级控制的优点。

1.6.2.2 离子导电材料

纤维素分子中含有丰富的氢键，通过化学改性可以进一步引入高电离度的基团，使纤维素材料在溶液氛围中能够电离可自由移动的离子，赋予纤维素材料离子电导性能。纤维素材料的离子电导率与其电荷密度和 Zeta 电位绝对值呈正相关。天然纤维素的 Zeta 电位一般约为-20 mV，通过阴离子化改性（例如羧基化）其 Zeta 电位可以变化到-40 mV 左右；通过阳离子化改性（例如铵基化）其 Zeta 电位可以变化到$+30$ mV 左右；最终实现其离子电导率呈现数量级的增长。

通过控制纤维素材料的结构，建立纳米直径的离子传输通道（接近于德拜长度），可以实现纤维素材料孔道表面电荷控制的离子传输特性，如图 1-23 所示。在该纤维素材料体系中，如果材料具有阴离子基团，它的孔道能够通过静电效应快速传输阳离子而排斥阴离子；如果纤维素材料具有阳离子基团，它的孔道能够通过静电效应快速传输阴离子而排斥阳离子，最终实现体系的离子在纤维素材料孔道结构中的选择性传输，即体系离子的定向移动。通过控制离子的选择性传输，可以实现阴、阳离子在体系中反向移动并有效富集，形成纤维素材料两端的电压差。如果外部回路连接上负载，系统即可产生电流，最终转换体系自由能为电能。基于此理念，科研工作者构建基于纤维素材料的盐差发电机、热电发电机、水伏发电机等能量转化器件。

此外，纤维素可以作为骨架材料，有效固载可电离的材料，进而构建复合的纤维素离子导电材料。例如，通过在纤维素材料中引入无机盐，然后耦合其他固化剂可以构建导电的纤维素水凝胶。其中盐离子在水相体系呈电离状态，赋予纤维素材料优异的离子电导率，其离子电导率随着盐离子浓度增加呈现上升趋势，可以制备 100 mS/cm 的纤维

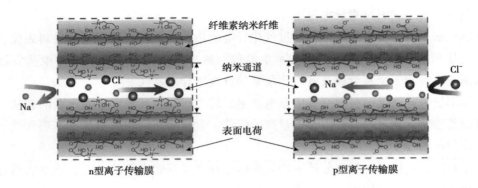

图 1-23　纤维素材料的离子传输机制

素的凝胶材料。但是过量的盐离子会损害纤维素水凝胶的机械性能，导致其机械强度和韧性的大幅度降低。目前而言，如何实现纤维素水凝胶的高离子电导率和高机械强度仍然是巨大挑战。

纤维素水凝胶材料体系中的水分子容易常温蒸发，会降低其导电性能并损害其他性质，因此引入有机溶剂构建纤维素的有机-水凝胶可以缓解上述问题。此外纤维素的有机-水凝胶还具有较低的结冰点(低于100 ℃)，拓展其可工作的温度范围。通过在纤维素水凝胶材料添加保水剂或者对纤维素材料进行表面涂布改性也可以降低体系水分子的蒸发，提升材料性能的稳定性。

利用离子液体直接溶解纤维素，并引入水分子作为固化剂，可以构建纤维素离子凝胶。纤维素离子凝胶体系中的导电来源为常温电离的离子液体，因此离子液体用量控制纤维素凝胶材料的离子电导率。纤维素离子凝胶可以避免其水凝胶体系的水分蒸发问题，且通常具有较低的凝固点和较高的熔融点，是一种较为高性能的纤维素离子电导材料。目前，离子液体的成本较高，对纤维素离子凝胶的实际应用产生一定影响。

通过施加外力可以改变纤维素凝胶材料的结构和形态，进而影响纤维素凝胶的离子导电率，因此可以构建外力-结构-电导率之间的关系。基于此理念，开发基于纤维素凝胶材料的电子皮肤，可以实时、精确监控人体的不同运动状态，如跑步、语音、手指弯曲以及脉搏和心脏跳动等。此外，纤维素凝胶材料可以展现较高的透光率、自愈合能力、紫外屏蔽能力、促进伤口愈合能力，因此已经成为世界各国的研究热点、物联网体系的重要组成部分。

1.6.3　纤维素光管理材料

纤维素分子中含有丰富的官能团和化学键，可以吸收特定波长/能量的光子。此外通过设计纤维素分子的排列组装模式，可以调控纤维素材料的微纳结构，控制光线在纤维素材料中的传播路径，进而赋予纤维素材料的光管理能力。纤维素材料对光子的控制能力主要体现在紫外光、可见光和红外光。

1.6.3.1 紫外光

紫外光(ultraviolet)是频率介于可见光和 X 射线之间的电磁波,其波长为 10~400 nm。紫外光照射人体时,能促进人体合成维生素 D,还具有一定的杀菌作用。但是,过强的紫外光会伤害人体,应注意防护。紫外光的光子能量高于可见光和红外线,不会激发纤维素分子官能团的振动和电子能级跃迁,因此纤维素材料自身基本不具有对紫外光的调控能力。天然植物纤维原料中含有一定量的与纤维素伴生的木质素成分,其具有酚羟基官能团,可以吸收特定波长紫外光(205 nm 和 280 nm),因此,在纤维素材料中引入木质素可以实现其紫外光屏蔽能力,降低紫外光对人体的辐射强度,保证人体健康。此外,引入与木质素具有类似官能团的其他化学成分(如花青素)也可以赋予纤维素材料屏蔽紫外光能力。

1.6.3.2 可见光

可见光(visible light)是电磁波中人眼可以感知的部分,其波长为 400~780 nm,是红、橙、黄、绿、蓝、靛、紫等七色光的组合体。纤维素材料对可见光基本不发生吸收,主要是可见光的透射、反射以及散射。

当可见光大幅度透过纤维素材料时,纤维素材料会呈现一定的透明度(transmittance):可见光透过越多,纤维素材料的透明度越高。消除纤维素材料的孔隙,使其致密化,降低纤维素材料的厚度,可以保证可见光有效透光纤维素材料,其透光率可以达到 95% 以上,如由纤维素分子构建的再生纤维素膜、由纳米纤维素构建的纳米纤维素膜,它们的透光效果可以比拟透明玻璃和塑料薄膜等。科研工作者已经利用透明的纤维素薄膜材料开发绿色、柔性的先进电子器件,如太阳能电池、显示器、触摸屏等。

在纤维素材料中引入与纤维素分子具有相似折射率(约 1.53%)的聚合物,使其填充纤维素材料的多孔结构,也可以实现纤维素材料的透光化效果。美国马里兰大学胡良兵教授团队和瑞典皇家理工学院 Lars Berglund 教授设计一系列的透明木材,如图 1-24 所示,其主要流程是对天然木材进行化学处理,溶出其中的木质素等成分,然后填充匹配纤维素折射率的聚合物,进而可以构建高透明度的透明木材、可选择性透光的美学木材、可图案化的透明木材以及全生物质组分的透明木材。常用的填充聚合物有甲基丙烯酸甲酯、酚醛树脂、环氧树脂、聚乙烯醇等。纤维素材料中的纤维素分子可以定性排列(各向异性结构),因此具有一定的导光效应,即光线沿着纤维排列方向传播。此外,纤维素透明材料还可以呈现高的雾度,即对可见光具有较高的散射作用,因此可以增加纤维素材料对可见光辐射的利用率,同时降低光污染效应。

当纤维素材料呈现多孔结构时,光线在纤维素材料中发生多次反射或者散射,会降低光线的透过量,实现纤维素材料的不透明度。生活中常见的纤维素纤维纸张通常具有不透明效果,可以把光线反射到人眼中,实现人类对纸张文字信息的获取。在纤维素材料中引入无机纳米颗粒,可以进一步强化其对光线的反射能力,提高纤维素材料的不透明度。例如,在纤维素纸张中添加碳酸钙、二氧化钛、钛白粉等无机颗粒,可以提高纸张的不透明度,增加纸张的光泽度甚至白度。

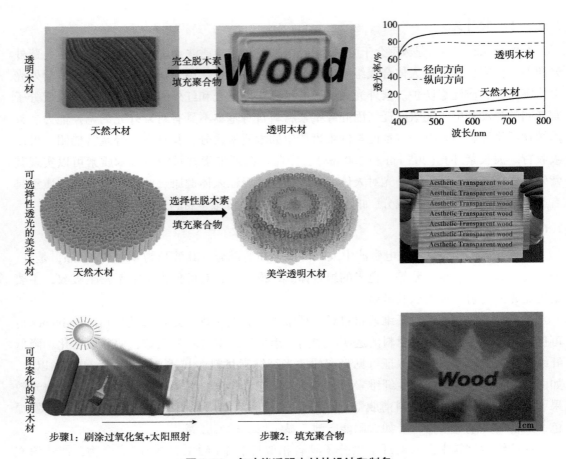

图 1-24　多功能透明木材的设计和制备

可见光辐射约占太阳总辐射的 45%～50%，可以为人类提供舒适的居住环境。但是过量的太阳辐射会增加人体或者建筑的温度，反而降低人类生活质量。利用纤维素材料有效反射太阳辐射，尤其是在夏季或者中午时段，可以降低太阳辐射导致的过高温度，实现自发的制冷效果。

为了既可以利用太阳辐射提供可见光的照明效果，又避免过度太阳辐射诱发的高温，科研工作者设计了受温度控制的热致变色材料(如羟丙基纤维素)。当温度低于变色温度(如上午或者傍晚)，羟丙基纤维素的大分子呈现舒展状态，实现可见光的有效透过(透光率>90%)，可提供照明能力；当温度高于变色温度(如正午)，羟丙基纤维素的大分子会发生团聚，有效反射可见光(透光率<50%)，降低太阳光的辐射程度，有效避免其诱发的高温。因此，羟丙基纤维素可以随着外界温度变化自发调控光传输路径，实现对可见光的可控管理。

1.6.3.3　红外光

红外光(infrared)是频率介于微波与可见光之间的电磁波，其波长为 780 nm～1000 μm。纤维素分子中含有大量的基团和化学键，如—OH，C—O 以及 C—C 等，它们容易吸收红外的光子能量，产生振动能级和转动能级的跃迁，在红外光谱中形成特性的吸收峰。因此，红外辐射也是分析、解译纤维素及其衍生物分子结构的重要手段。

红外光具有热效应，能够与大多数分子发生共振现象，将光能（电磁波的能量）转化为分子内能（热能）。太阳辐射的热量主要就是通过红外光传到地球上的。纤维素分子对红外光能量的吸收，能够以热辐射形式发射出去，尤其是在大气透明窗口（8~13 μm），可以实现地球与外太空热能的交换（地球热能远远高于外太空）。因此，纤维素材料可以发射中红外光热量，进而引入外太空的冷源，实现地球温度的降低。基于该理念，科研工作者开发纤维素的被动辐射制冷材料，其可以有效反射太阳辐射并发射中红外光热量，能够实现材料温度的自发降低，这对于降低电能等能源消耗，缓解日益严重的能源危机和生态环境问题具有重要意义。

1.6.4 纤维素热管理材料

纤维素具有典型的结晶区和无定形区结构，其结晶区的纤维素分子排列规则致密，有利于热量的传输，而无定形区的纤维素分子排列无规则且疏松，会降低声子（热量）的传输效果。此外，由纤维素分子构建的宏观纤维素材料可以有致密结构或者多孔结构，也会影响纤维素对热量的传输效果，激发纤维素材料的热管理能力。

1.6.4.1 绝热材料

利用纤维素的无定形结构以及多孔的特征，可以降低热量在纤维素材料中的传输能力，进而构建绝热/保温隔热的纤维素材料。纤维素材料的孔道结构中可以填充大量的空气，而空气的导热能力较低[0.0244 W/(m·k)]，因此该结构特征的纤维素材料也具有较低的导热系数[0.032 W/(m·k)]，实现热量的有效阻隔。纤维素绝热材料通常可以由两种手段制备：①绝热木材，可以对天然木材进行化学处理，在保证其整体结构完成性的条件下尽可能在木材中创建新的空隙结构；②绝热纤维，利用发泡等技术，在纤维组装为块体材料的过程中引入空隙，构筑纤维块体材料的多孔结构。纤维素绝热材料的多孔结构可以赋予其较低的密度，因此可以构建轻质的绝热材料，对于其在航空航天、建筑板材、汽车外壳等领域的广泛应用具有重要意义。

1.6.4.2 导热材料

碳材料通常具有较高的导热系数，因此对纤维素进行高温碳化处理也可以提升其导热能力，制备纤维素导热材料，其导热系数大约可以从0.2 W/(m·k)增加至0.6 W/(m·k)。此外，通过杂化处理，引入导热金属和聚合物以及碳质材料等也可以提升纤维素材料的导热能力。纤维素导热材料可以展现广泛应用，如复合到电池电极或者电子器件基底结构中，能够及时传导耗散热量，避免热量过度累积导致器件高温。在纤维素导热材料中引入相变材料可以吸收保存盈余的热量，然后在低温状态下进行释放，实现热量的有效利用。纤维素导热材料通常还具有光热效应，可以高效转化太阳光为热能，可以构建水蒸发器、粗油吸附器等。

1.6.5 纤维素分离材料

通过对纤维素进行物理化学处理，可以调控纤维素材料的结构特性和化学特性，进而构建纤维素分子与其他物质之间的物理、化学、机械等作用，实现其他物质在纤维素材料中的可控附着，赋予纤维素材料选择性的分离能力。纤维素分离材料已经广泛应用于日常生活和工业生产的众多领域，如血液透析、生物酶的分离纯化、化学分离、凝胶色谱的固定相、铀、金等金属提取、海水淡化以及纯净水收集等。

1.6.5.1 吸附材料

在构建纤维素块体材料的过程中，可以设计纤维素的组装模式，调控纤维素块体材料的结构，构建高孔隙率、大比表面积的多孔纤维素材料，如气凝胶、滤纸及活性炭等，包括一系列的纳米孔、微米孔及大孔等。纤维素多孔材料可以为化学物质的有效附着提供众多位点，通过氢键、静电作用及范德华力等构建纤维素与化学物质之间的结合行为，实现固液、液液、固气及液气体系中的化学物质有效分离提纯。

此外，利用纤维素分子的功能团（如羟基），或者对纤维素进行酯化、醚化、氧化、磺化、磷化以及羧基化处理，在纤维素材料中引入磺酸基、羧基、羧甲基、脂肪氨基、氨乙基、氰基、乙酰基、磷酸基、胺基等，可以构建纤维素材料与化学物质之间的化学作用，可以进一步强化纤维素材料的吸附能力。在纤维素分子中引入可电离的基团，可以构建阴离子或阳离子交换纤维素，如纤维素粒、纤维素丝及纤维素布/纸等。离子交换纤维素是一种重要的生化试剂，在层析分离中可作为固定相分离提纯高分子物质，可用于回收、分离、鉴定无机离子，如铀、金、铜等。

纤维素属于高分子聚合物，可以构建纳米级别的网络结构，能够与其他聚合物产生分子缠绕效应，构建二者之间的牢固互锁结构，也可以实现纤维素的吸附效果。

吸附饱和后的纤维素材料可以经过脱附过程，分离吸附的化学物质，这也是实现纤维素吸附材料多次利用的关键步骤，有利于降低纤维素吸附材料的成本。纤维素分子中仅包含碳、氢和氧3种元素，因此吸附后的纤维素材料可以进行焚烧处理，且不会严重影响生态环境，还能够实现吸附化学物质的有效分离回收。

1.6.5.2 过滤材料

纤维素过滤材料与纤维素吸附材料具有类似的物理化学特征，其主要是通过输送特定化学物质而截留其他化学物质，实现物质的选择性分离。纤维素过滤材料通常具有较小直径的孔隙结构，利用空间位阻效应，选择性透过小体积/尺寸的化学物质，而截留大体积/尺寸的化学物质。

纤维素膜是典型的过滤材料。通过溶解再生方式可以制备具有纳米孔隙结构的纤维素膜，并构建纤维素基反渗透膜、超滤膜、纳滤膜及正渗透膜，实现海水淡化、营养液浓缩、药物成分缓释等应用。纤维素分子具有丰富的羟基功能团，赋予纤维素膜良好的亲水性能，其水接触角远远小于常规的高分子聚合物膜材料（如聚砜/聚醚砜、聚苯并咪唑、聚酰亚胺、聚偏氟乙烯等），因此可以有效传输水分子，保证纤维素膜的优异水通量。

纤维素膜材料的孔隙结构可以通过后处理进行调控。例如，热压处理可以降低纤维素膜材料的孔隙直径甚至孔隙率；化学刻蚀处理可以提高纤维素膜材料的孔隙直径和孔隙率。生物酶是一种绿色的处理策略，纤维素酶可以断裂纤维素分子，调控纤维素膜材料的孔隙直径和孔隙率，优化纤维素膜的结构特征。通过纤维素酶选择性接触纤维素材料可以构建异质结构的纤维素过滤膜，如图 1-25 所示，即与纤维素酶接触的纤维素膜部分呈现大孔结构，未与纤维素酶接触的部分呈现原始的小孔结构。异质纤维素膜的大孔有助于水分子通过，小孔有助于盐离子的截留，其纤维素正渗透膜在 1 mol/L 的 NaCl 溶液中具有高达 135.75 L/($m^2 \cdot h$) 的水通量且很低的盐水比(0.29 g/L)。

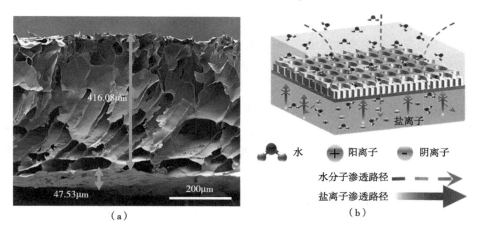

图 1-25 纤维素酶刻蚀纤维素构建异质结构的正渗透膜

纤维素分子容易被微生物降解，尤其是在潮湿环境以及金属离子环境，因此纤维素过滤膜的水稳定性通常会弱于石油基聚合物材料，这也是设计纤维素膜材料的需要关注点。此外，纤维素分子的羟基容易与水分子结合，即水分子容易渗透进入纤维素材料的微细结构中，诱发纤维素膜材料的润胀，可能会降低纤维素膜的力学性能，也会影响纤维素膜的稳定性。开发高强度的纤维素膜材料，尤其是高的湿强度，对于促进纤维素膜材料的广泛应用具有重要意义。

1.6.5.3 降解材料

在纤维素材料中引入半导体材料（如 ZnO、TiO_4 等）、过渡金属氧化物和层状金属化合物（$K_4Nb_6O_{17}$、$K_2La_2TiO_{10}$、$Sr_2Ta_2O_7$ 等），以及能利用可见光的催化材料（如 CdS、Cu-ZnS 等）等，可以在纤维素材料中形成光生电子，赋予纤维素材料光催化能力。纤维素光催化材料可以与化学物质发生氧化还原反应，破坏化学物质的分子结构，实现化学物质的有效降解，如降解废水中染料等有机物、降解空气中甲醛等。纤维素自身属于环境友好型材料，因此纤维素催化材料具有绿色环保的优势，可以清除有毒有害物质，对于保护生态环境、提高人民生活质量具有重要意义。在纤维素材料中引入金属-有机框架材料（MOFs）和共价有机化合物(COF)材料,利用其高孔隙率、多催化位点特征可以制备高性能的纤维素降解材料。

在纤维素材料中引入金属(如贵金属、镍基材料、合金材料等),可以赋予纤维素材料的电催化能力。纤维素电催化材料可以分解水分子,进而产生氢气和氧气,这是可持续发展无污染的非化石能源,已经受到世界各国广泛的重视。相比于纤维素光催化材料,纤维素电催化材料具有更高的水分子分解效率,也更容易实现工业化。

1.6.6 纤维素医用材料

生物医用材料是指以医疗为目的,用于与组织接触以增进生物体功能的无生命材料。生物医用材料必须具备两个条件:一是材料与活体组织接触式无急性毒性、无致敏致炎等不良反应;二是应具有耐腐蚀性能和相应的生物力学性能与良好的加工性能。纤维素材料具有独特的生物可降解性和生物兼容性,已开始应用于血液净化、组织工程、伤口敷料及口服药剂等生物医学领域。

血液净化主要是采用纤维素膜结构,需要具有良好的通透性、机械强度以及与血液的相容性。纤维素分子容易与水分子结合,从而影响纤维素膜的强度和尺寸稳定性,因此多采用纤维素衍生物构建纤维素基血液净化膜,如铜氨法的再生纤维素和三醋酸纤维素。

组织工程和伤口敷料多采用纤维素凝胶材料,因其具有多孔的网络结构,有助于细胞组织的附着和生长。纤维素凝胶材料的多孔结构可以有效固定药物成分,能够可控、持续性地释放药物,即保证药物的长久性,又避免药物的过度使用和浪费。纤维素凝胶的结构和形态对其药物释放具有重要影响,如凝胶的孔隙直径尺寸影响药物的扩散释放机制,凝胶的弹性和强度影响凝胶在药物递送过程中的形态结构稳定性。除药物,纤维素凝胶材料还可以有效递送抗菌剂(如银纳米粒子、酶及抗生素等),实现对大肠杆菌、白色念珠菌、金黄色葡萄球菌以及枯草芽孢杆菌等良好的抗菌效果。

纤维素可以作为药物的载体,构建口服药剂材料,如羧甲基纤维素、甲基纤维素、乙基纤维素、醋酸纤维素等,它们既可以作为药剂的糖衣成分,又可以作为药粒的固体基质。纤维素的主要口服药剂辅料见表1-9。

表1-9 口服药剂的纤维素材料

功能	纤维素成分
黏合剂	羧甲基纤维素钠、微晶纤维素、乙基纤维素、羟丙基甲基纤维素、甲基纤维素等
稀释剂	微晶纤维素、粉状纤维素纤维等
崩解剂	微晶纤维素等
肠溶包衣	醋酸纤维素邻苯二甲酸酯、醋酸纤维素三苯六羧酸酯、羟丙基甲基纤维素邻苯二甲酸酯等
非肠溶包衣	羧甲基纤维素钠、羟乙基纤维素、羟丙基纤维素、羟丙基甲基纤维素、甲基纤维素等

1.6.7　纤维素小分子化合物

纤维素是由葡萄糖构成的大分子，因此断裂纤维素分子的糖苷键可以获得低聚糖、二糖甚至葡萄糖单糖。进一步破坏葡萄糖的分子结构，可以获得小分子化合物，如乙醇、丁醇、乙醇酸、乙二醇、丙二醇、乙酰丙酸、5-羟甲基糠醛及乳酸等小分子化合物，应用于能源、燃料、食品以及化学品等行业。

乙醇是一种重要的工业燃料，也是一种绿色清洁能源。在"双碳"背景下，利用纤维素制备燃料乙醇是生物质能源化利用研究最为广泛的课题之一。由纤维素制备乙醇主要分为3个阶段：第一阶段是通过物理、化学或者酶技术将纤维素降解为单糖；第二阶段是利用微生物（酵母等）转化单糖为乙醇；第三阶段是乙醇的回收。

纤维素降解为葡萄糖的策略主要包括酸水解法和酶水解法。酸水解法是降解纤维素的早期研究手段，可以分为浓酸水解和稀酸水解。浓酸水解常采用硫酸，具有葡萄糖回收率高的特点（约为90%）。稀酸水解的葡萄糖得率较低，一般为50%~65%。整体而言，酸水解纤维素过程的反应速率较高，但也存在一定的缺点，如酸液会腐蚀设备，需要较高温度和压力等。目前，稀酸水解法已经积累大量的经验，德国、日本、俄罗斯等国家已经建立一定规模的生产线。酶水解法主要是利用纤维素酶降解纤维素为葡萄糖。酶水解法具有处理条件温和、能耗低、环保等优点，但其反应速率慢一直是工业化生产的重要挑战。

自然界中的酵母和少数细菌能够在无氧条件下通过发酵方式分解葡萄糖，并生成乙醇和二氧化碳。工业生产乙醇主要采用酵母属真菌。理论上，1 mol 葡萄糖可以生成 2 mol 乙醇，或者 100 g 葡萄糖可以制备 51.1 mol 乙醇，即葡萄糖发酵生产乙醇效率为 51.1%。微生物发酵纤维素制备乙醇的工艺主要有 2 种：分步水解发酵法和同步糖化发酵法。分步水解发酵法是最早利用纤维素制备乙醇的手段，即首先将纤维素酶解为葡萄糖，然后发酵生产乙醇。由于纤维素酶水解生产葡萄糖，增加葡萄糖底物浓度，对纤维素酶解作用产生抑制，后续开发同步糖化发酵法，其酶解葡萄糖可以快速被酵母利用分解为乙醇，降低葡萄糖的反馈抑制作用，能够提高纤维素转化为乙醇的速率。同步糖化发酵法中纤维素酶和酵母的最佳作用条件不一致，尤其是温度不一致，会降低二者的作用效率。

纤维素发酵液中的乙醇一般通过精馏方式回收。采用普通精馏只能得到乙醇/水的恒沸物（乙醇浓度为95%），采用精馏方法可以进一步提高乙醇浓度，制备无水乙醇燃料。

2 纤维素纤维的冷碱抽提纯化机制和历程研究

冷碱抽提（CCE）纯化处理一般要求较高的碱溶液浓度（8%~10%的 NaOH）和较低的温度（20~40 ℃）。目前，普遍认为冷碱抽提溶出纤维中半纤维素组分的主要机理是碱液能够润胀纤维细胞、半纤维素组分溶解在碱液中并最终脱除半纤维素组分，然而对于半纤维素组分在冷碱抽提过程中的溶出历程以及溶出动力学还不甚解。本部分研究以铁杉酸性亚硫酸盐纸浆纤维为原料，以冷碱抽提时间为变量，着重探讨冷碱抽提过程中半纤维素组分的溶出动力学和半纤维素组分溶出过程中其摩尔质量以及其在纤维细胞壁中的分布变化，进而探究冷碱抽提纯化过程中半纤维素组分的溶出规律。在此基础上，研究探讨控制冷碱抽提处理溶出半纤维素组分的关键影响因素。

2.1 实验材料

铁杉酸性亚硫酸盐纸浆纤维取自加拿大西部的某厂。洗涤后的纸浆，经过 Bauer-McNett 机械筛分仪机械筛分精选，截留在 30 目筛板上的纤维素纤维作为本部分的实验材料。本部分实验所采用的实验原材料见表 2-1。

表 2-1 实验药品和设备

药品/设备	规格/型号	生产商
氢氧化钠溶液	50 wt%，分析纯	威达优尔
纤维素酶	Fiber Care D	诺维信
木糖酶	Pulpzyme HC	诺维信
甘露糖酶	NS-51023	诺维信
D-葡萄糖	色谱纯	西格玛奥德里奇
D-甘露糖	色谱纯	西格玛奥德里奇
D-木糖	色谱纯	西格玛奥德里奇

(续)

药品/设备	规格/型号	生产商
D-半乳糖	色谱纯	西格玛奥德里奇
L-阿拉伯糖	色谱纯	西格玛奥德里奇
玻璃纤维滤纸	Glass Microfiber Filter 691	威达优尔
恒温水浴锅	Constant Temperature Bath M-1	佳能
紫外分光光度计	Spectronic 1001plus	米顿罗
标准纤维疏解器	Model 500-1	莱伯泰科
磁力搅拌器		飞世尔
高压灭菌锅	2340M	腾氏
Bauer-McNett 机械筛分仪	ABTE CH-203	莱伯泰科
离子色谱(IC)		戴安
色谱柱	CarboPacTMPA1，Dionex-300	戴安
脉冲安培检测器(PAD)		戴安
凝胶渗透色谱仪(GPC)		沃特世
色谱柱	TSK-GEL G-4000 PWxl 和 TSK-GEL G-2500 PWxl	沃特世
示差折光检测器	Water 2414，RI	沃特世

2.2 实验方法

2.2.1 纤维素纤维的冷碱抽提纯化

冷碱抽提纯化处理在水浴锅中进行。取 20g 绝干的浆样，放在 PE 塑料袋中，加入碱液，并用蒸馏水分别调节碱溶液浓度和纸浆纤维浓度至 7% 和 10%，混合均匀后放入 25 ℃ 的水浴锅中。处理时间分别为 0 min、5 min、7 min、10 min、20 min、30 min、45 min、60 min、120 min、150 min、180 min、210 min 和 240 min。处理过程中，每隔 10 min 揉捏样品一次。反应结束后，样品用去离子水冲洗至中性，并用布氏漏斗收集纸浆纤维备用。

2.2.2 纤维素纤维的性质分析

样品中 α-纤维素组分含量($R_{17.5}$)和半纤维素组分含量(S_{18})的检测分别参照美国制浆造纸工业技术协会(TAPPI)标准 T 203 cm-09 和 T 235 cm-09。

采用离子色谱(IC)的分析方法检测样品中碳水化合物的组分和含量(葡萄糖、甘露糖、木糖、半乳糖和阿拉伯糖)。实验主要步骤包括：①0.3 g(绝干)的纤维素样品与 3 mL 的浓硫酸(72%的浓度)混合，并放置在 30 ℃ 的恒温水浴锅中，浓酸水解 1 h；②添加 83 mL 蒸馏水调节硫酸浓度至 4%，在 121 ℃ 的高压灭菌锅中稀酸水解 1 h；③水解后的样品按照要求稀释，并调节 pH 值为 4~6，用 0.45 μm 的微孔滤膜过滤，采用 IC(CarboPacT-

MPA1 色谱柱和 PAD 脉冲安培检测器)测定体系中各单糖组分的浓度。检测过程中,色谱纯的标准单糖为检测标样,NaOH 溶液为流动相。

采用"酶剥皮"的方法研究样品中半纤维素组分在纤维细胞壁横截面上的含量分布(图 2-1)。2 g 绝干样品首先被分散在 200 mL 蒸馏水中,使用磁力搅拌器加速分散。待样品完全分散后,纤维素酶和半纤维素酶的混合液(2 mL 的纤维素酶,1 mL 的甘露糖酶和 1 mL 的聚木糖酶,酶活分别为 460 U/mL,1500 U/mL 和 1800 U/mL)加入纤维悬浮液中,调节 pH 值为 5.0,温度为 50 ℃。样品的酶剥皮处理采用不同的时间间隔(1 min、2 min、5 min、10 min、30 min、60 min、180 min、360 min 和 600 min)。到达处理时间后,样品放置在沸水浴中煮沸 10 min,以终止酶反应。酶反应后的纤维样品经过过滤、洗涤、收集、干燥并进行糖组分分析。通过酶处理前后的样品质量差,计算样品的剥皮量,并依据式 (2-1)计算剥皮组分中的半纤维素组分含量。

$$半纤维素组分含量(\%) = \frac{M_0 \times C_0 - M_r \times C_r}{M_0 - M_r} \tag{2-1}$$

式中,M_0 和 C_0 分别是初始的样品质量(本研究中为 2 g)和半纤维素组分含量(g);M_r 和 C_r 分别是酶处理后的样品质量和半纤维素组分含量(g)。

本研究中把纤维细胞壁分为 3 层,包括外层(0~15%剥皮量),中心层(15%~50%剥皮量)和内层(50%~100%剥皮量)。

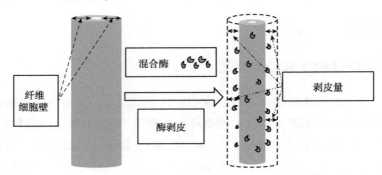

图 2-1 "酶剥皮"技术检测纤维细胞壁中半纤维素组分含量的分布

采用凝胶渗透色谱仪检测样品中半纤维素组分的摩尔质量。首先,10 g(风干)样品浸泡在 300 mL 的 17.5% NaOH 溶液中,在室温下处理 24 h;收集碱抽出物,倾倒在 3 倍体积的乙醇和乙酸的混合溶液中(乙醇:乙酸=7:3),沉淀析出半纤维素组分;然后,离心分离沉淀的半纤维素组分,并洗涤和冷冻干燥,获得半纤维素组分样品。半纤维素组分样品溶解在 0.02 mL/L 的 KH_2PO_3 溶液中,以备检测。不同摩尔质量的葡聚糖,从 180 g/mol 到 273 000 g/mol,作为检测标样。采用 GPC(配备 TSK-GEL G-4000 PWxl 和 TSK-GEL G-2500 PWxl 色谱柱,以及 Water 2414 示差折光检测器)检测并计算半纤维素分子的重均摩尔质量、数均摩尔质量和多分散性指数(多分散性指数=数均摩尔质量/重均摩尔质量)。

2.3 结果与讨论

2.3.1 处理时间对半纤维素组分溶出效率的影响

采用碱溶解度和单糖成分表征铁杉酸性亚硫酸盐纸浆纤维样品中纤维素组分和半纤维素组分含量。见表2-2所列,从碱溶解度方面分析,铁杉酸性亚硫酸盐纸浆纤维的纤维素组分含量($R_{17.5}$)为90.28%,半纤维素组分含量(S_{18})为9.59%;从单糖成分结果分析可知,铁杉酸性亚硫酸盐纸浆纤维的纤维素组分含量是90.92%,总的半纤维素组分含量是9.60%,其中半乳糖含量为5.82%,木糖含量为3.56%,甘露糖含量为0.22%。检测结果验证铁杉原料的典型半纤维素组成,即较多的半乳糖组分和聚木糖组分,微量的甘露糖组分和阿拉伯糖组分。

表2-2 纤维素纤维中碳水化合物的含量 单位:%

碱溶解度		单糖含量				
$R_{17.5}$	S_{18}	葡萄糖	甘露糖	木糖	半乳糖	阿拉伯糖
90.28	9.59	90.92	5.82	3.56	0.22	—

冷碱抽提纯化时间能够影响半纤维素组分在处理过程中的溶出效率,具体结果如图2-2所示。总体而言,在240 min的纯化时间范围内,半纤维素组分的溶出量随着冷碱抽提纯化处理时间的延长而增加。在0~10 min的处理时间内,铁杉样品的半纤维素组分大量溶出,如在5 min时,100 g的铁杉样品纤维溶出2.33 g的半纤维素组分,即样品中2.33%的半纤维素组分能够脱除,增加冷碱抽提处理时间至10 min,4.13%的半纤维素组分能够

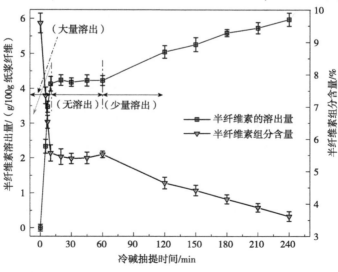

图2-2 冷碱抽提时间对冷碱纯化纤维素纤维的影响

从铁杉样品中溶出,同时,半纤维素组分含量(S_{18})从初始的9.59%分别下降到5 min的7.26%和10 min的5.46%;在10~60 min的处理时间内,铁杉样品中半纤维素组分的溶出效率很低,如当冷碱抽提处理时间为30 min时,半纤维素组分的溶出量为4.18%,增加处理时间至60 min,半纤维素组分的溶出量是4.23%,仅仅提高0.05%,与半纤维素组分的整体溶出效率相比,可以忽略不计,在此处理阶段中铁杉样品的半纤维素组分含量维持在5.40%左右;继续冷碱抽提处理样品纤维,残余的半纤维素组分可以得到进一步地溶出,如在120 min时,半纤维素组分溶出量为5.05%,铁杉样品中半纤维素组分含量下降至4.54%,在210 min时,半纤维素组分的溶出量为5.73%,半纤维素组分含量也降至3.86%,但是残余的半纤维素组分在此阶段的溶出能力要远远小于最初0~10 min的处理阶段。以上研究可以看出,冷碱抽提处理纤维素纤维溶出半纤维素组分的历程可以分为3个阶段:①半纤维素组分的大量溶出阶段(0~10 min);②半纤维素组分的迁移阶段(10~60 min);③半纤维素组分的残余溶出阶段(60~240 min)。

在冷碱抽提纯化纤维素纤维的过程中,首先是碱液与纸浆纤维的接触,纤维随之润胀,随后半纤维素组分从纤维细胞结构中溶出并溶解在碱液中,最终完成半纤维素组分的分离和纤维素纤维的纯化。冷碱抽提处理溶出半纤维素组分的过程属于物理润胀反应,在此过程中基本没有发生化学反应。因此,时间变量成为影响半纤维素组分溶出效率的唯一且主要因素。可以简单地对处理时间和半纤维素组分的溶出量进行拟合,由于时间为单一自变量,所以拟合出半纤维素组分溶出量随时间变化的一元曲线(表2-3)。在0~10 min的大量溶出阶段,半纤维素组分的溶出速率较高,为0.4268%/min;在10~60 min的迁移阶段,半纤维素组分的溶出速率仅仅为0.0002%/min(≈0/min);在60~240 min的残余溶出阶段,半纤维素组分的溶出速率为0.0094%/min。因此,在大量溶出阶段(第一阶段),半纤维素组分的溶出效率高,溶出速率快,溶出量大,纤维素纤维的纯化效果好;而在迁移阶段(第二阶段),半纤维素组分基本没有溶出;在残余溶出阶段(第三阶段),残余半纤维素组分可以缓慢地溶出,但是相比于第一阶段,半纤维素组分的溶出速率较慢,溶出效率低,纤维素纤维的纯化效率较低。

表2-3 冷碱抽提过程中半纤维素组分溶出的动力学

处理时间	溶出阶段	一阶动力学方程	R^2	溶出速率/(%/min)
0~10 min	大量溶出阶段	$y=0.4268t$	0.9945	0.4268
10~60 min	迁移阶段	$y=0.002t+4.1142$	0.9868	0.0002
60~240 min	残余溶出阶段	$y=0.0094t+3.67$	0.9904	0.0094

在碱法制浆(硫酸盐浆)过程中,针叶材木质素的脱除过程可以分为3个阶段:初始脱木质素阶段、大量脱木质素阶段和残余木质素脱除阶段。①初始脱木质素阶段,蒸煮药液接触木片并渗透到其内部结构,为木质素的脱除做准备工作;②大量脱木质素阶段,木片中的木质素脱除速率快速提升,木质素的脱除量很高,大约80%的木质素能够被溶出,木质素脱除也比较容易;③残余木质素脱除阶段,木质素脱除相对困难,不仅脱除速率慢而

且脱除量也较小。对于纤维素纤维中半纤维素组分的冷碱溶出过程，纤维的超微结构比木片的结构要疏松许多，且冷碱抽提液的碱溶液浓度要远远高于脱木质素蒸煮液的碱溶液浓度，碱液渗透润胀纤维的能力更强，因此，冷碱抽提溶出半纤维素组分的过程不需要特别的准备时间，也没有类似于蒸煮过程中的初始脱木质素阶段，而是直接表现为半纤维素组分的高效大量溶出，即半纤维素组分的大量溶出阶段，类似于蒸煮过程中初始脱木质素阶段和大量脱木质素阶段的结合体。比较容易脱除的纤维化学成分（木质素组分和半纤维素组分）在大量溶出阶段脱除，而剩余成分的溶出则相对比较困难，因此需要残余脱除阶段进一步作用，即残余木质素脱除阶段（硫酸盐法蒸煮）和残余半纤维素组分溶出阶段（冷碱抽提处理）。Liu 等研究碱处理甘蔗渣溶出半纤维素组分的过程，结果表明，在碱抽提过程中（50 wt%的活性碱用量，1∶15 的液比，50 ℃的温度），聚戊糖的溶出过程可以分为两个阶段：大量溶出阶段（0~4 h）和残余溶出阶段（4~10 h），聚戊糖的溶出量分别为高达 34.68%（大量溶出阶段）和仅仅 2.72%（残余溶出阶段）。

总之，冷碱抽提处理铁杉酸性亚硫酸盐纸浆纤维溶出半纤维素组分的过程可以分为 3 个阶段：①第一阶段中，半纤维素组分能够得到快速且有效地溶出；②第二阶段中，半纤维素组分的溶出效率非常低，基本没有半纤维素组分的溶出；③第三阶段中，残余的半纤维素组分仍然能够缓慢地溶出，但是溶出速率远远低于第一阶段。所以，在实际的生产过程中，可以控制冷碱抽提处理的时间在半纤维素组分溶出的第一阶段，提高冷碱抽提溶出半纤维素组分、纯化纤维素纤维的性能比。

2.3.2 半纤维素组分的溶出历程分析

研究表明，冷碱抽提处理纤维素纤维溶出半纤维素组分是一个非均匀变化的过程，可以显著分为 3 个阶段：大量溶出阶段、迁移阶段和残余溶出阶段。

2.3.2.1 半纤维素组分的大量溶出阶段

图 2-3 为在半纤维素组分的大量溶出阶段，纤维细胞壁中半纤维素组分含量分布的变化情况。整体而言，从细胞壁外层到中心层再到内层（增加的纤维细胞壁剥皮量），半纤维素组分含量逐步增加，然后轻微降低。对于未处理样品（空白铁杉酸性亚硫酸盐纸浆纤维样品），半纤维素组分在纤维细胞壁外层（0~15%剥皮量）的含量为 7.10%，而在纤维细胞壁中心层（15%~50%剥皮量）的含量增加到 9.50%，最终在纤维细胞壁内层（50%~100%剥皮量）的含量又回落到 9.10%。类似的情况也出现在冷碱抽提处理 10 min 时的样品中，在纤维细胞壁外层、中心层和内层处，半纤维素组分含量分别是 2.40%、5.10% 和 5.00%。Kallmes 研究云杉亚硫酸盐未漂浆纤维细胞壁中半纤维素组分含量的分布，结果表明，纤维细胞壁中初生壁（P）和次生壁外层（S_1）有较低的半纤维素组分含量，比次生壁中层（S_2）低 5.90%。

从图 2-3 也可以看出，在大量溶出阶段，半纤维素组分的溶出是全方位的，即无论是细胞壁外层、中心层还是内层，半纤维素组分都有大量的溶出脱除，因此，从纤维细胞壁

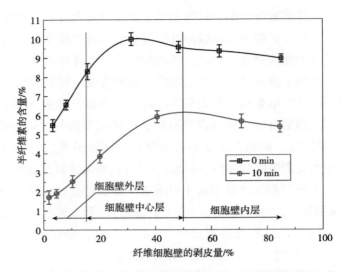

图 2-3 大量溶出阶段纤维素纤维细胞壁结构中半纤维素组分含量的分布

外层到内层，半纤维素组分含量都显著下降。例如，在纤维细胞壁的 5%剥皮量处，半纤维素组分含量从 5.90%下降至 1.92%，下降幅度为 3.98%；在 40%剥皮量处，半纤维素组分含量从 9.87%下降至 5.89%，下降幅度为 3.98%；在 70%剥皮量处，半纤维素组分含量从 9.23%下降至 5.70%，下降幅度为 3.53%。这也表明纤维素纤维中半纤维素组分在此阶的溶出相对较为容易。

进一步研究表明，冷碱抽提处理也改变半纤维素组分在纤维细胞壁中最高含量的位置。冷碱抽提处理前(空白样品)，半纤维素组分最高含量位于细胞壁的 30%剥皮量处，冷碱抽提处理后(10 min)，它内移到细胞壁的 50%剥皮量处。半纤维素组分最高含量位置的内移表明纤维细胞壁外层中有更多的半纤维素组分溶出，进而增大纤维细胞壁各层中半纤维素组分含量的差异。未处理样品中，纤维细胞壁内层(50%~100%剥皮量)的半纤维素组分含量大约为 9.10%，纤维细胞壁外层(0~15%剥皮量)的半纤维素组分含量为 7.10%，内层的半纤维素组分含量比外层的高 22%；冷碱抽提处理的样品中(10 min)，纤维细胞壁内层(50%~100%剥皮量)的半纤维素组分含量大约为 5.00%，纤维细胞壁外层(0~15%剥皮量)的半纤维素组分含量为 2.40%，内层的半纤维素组分含量比外层的高 52%(冷碱抽提处理扩大纤维细胞壁内层、外层结构中半纤维素组分含量的差距，纤维细胞壁内层中含有相对较多的半纤维素组分)。这种处理结果可能是由于在亚硫酸盐制浆过程中，酸性蒸煮可以切断半纤维素的分子链，降低半纤维素的摩尔质量，尤其是纤维细胞壁外层中的半纤维素会受到更大的破坏，致使外层中半纤维素的摩尔质量更低，最终在冷碱抽提处理过程中，外层的半纤维素组分更容易脱除。

为探究冷碱抽提处理对半纤维素摩尔质量的影响，分析检测半纤维素组分溶出过程中其摩尔质量的变化。表 2-4 显示，经过冷碱抽提处理(半纤维素组分的溶出)，铁杉样品中半纤维素的摩尔质量发生明显的变化：半纤维素的数均摩尔质量从 6800 g/mol 增加至 8900 g/mol，重均摩尔质量从 10 700 g/mol 上升至 12 600 g/mol，但是半纤维素摩尔质量的多分散性指数则从1.57下降至1.42。在冷碱抽提处理过程中，短分子链、低摩尔质量的半纤维素组分首先溶出，因此纤维素纤维中剩余半纤维素组分的摩尔质量会明显升高；随着低摩尔质量半纤维素组分的溶出，剩余半纤维素组分的摩尔质量越来越大，摩尔质量的分布也越来越集中，导致半纤维素组分的多分散性指数下降。Terhi等研究发现阔叶材硫酸盐浆在多次碱纯化过程中，其低摩尔质量的聚木糖比高摩尔质量的聚木糖更加容易溶出。Favis等研究洗涤处理对木质素萃取效果的影响，结果表明洗涤操作首先萃取分离硫酸盐浆纤维中低摩尔质量的木质素。

表2-4　大量溶出阶段过程中纤维素纤维的半纤维素组分摩尔质量

处理时间/min	数均摩尔质量/(g/mol)	重均摩尔质量/(g/mol)	多分散性指数
0	6800	10 700	1.57
10	8900	12 600	1.42

总之，在半纤维素组分的大量溶出阶段中（冷碱抽提处理的0~10 min），半纤维素组分的溶出量较多而且溶出速率较快，铁杉酸性亚硫酸盐纸浆纤维素纤维中半纤维素组分含量明显下降，剩余半纤维素组分的摩尔质量增加。同时，纤维细胞壁内层与外层中半纤维素组分含量的差距进一步增加，这可能对后续冷碱抽提溶出半纤维素组分、纯化纤维素纤维产生一定影响。

2.3.2.2　半纤维素组分的迁移阶段

图2-4为在半纤维素组分的迁移阶段，纤维素纤维细胞壁中半纤维素组分含量分布的变化情况。整体而言，在冷碱抽提处理10~60 min的时间里，铁杉样品中半纤维素组分含量基本没有变化，因此可以认为半纤维素组分基本没有溶出；但是，纤维素纤维细胞壁中半纤维素组分含量分布却发生明显变化，半纤维素组分从纤维素纤维细胞壁内层向外层显著地迁移。如图2-4所示，半纤维素组分含量在纤维素纤维细胞壁外层和内层的区域发生截然相反的变化趋势。对于纤维素纤维细胞壁外层，半纤维素组分含量明显增加，例如，在细胞壁的10%剥皮量处，半纤维素组分含量增加1.10%，从2.50%上升至3.60%；在细胞壁的15%剥皮量处，半纤维素组分含量提高1.47%，从3.05%上升至4.52%。对于纤维素纤维细胞壁内层，半纤维素组分含量反而降低，例如，在细胞壁的50%剥皮量处，半纤维素组分含量降低0.49%，从6.14%下降至5.65%；在细胞壁的70%剥皮量处，半纤维素组分含量降低0.47%，从5.70%下降至5.23%。同时，在半纤维素组分的迁移阶段，纤维素纤维细胞壁中半纤维素组分最高含量的位置点，也从冷碱抽提处理10 min时细胞壁的50%剥皮量处外移到冷碱抽提处理60 min时细胞壁的30%剥皮量处，即半纤维素组分含量的分布整体从纤维素纤维细胞壁内层逐渐转移到细胞壁外层。纤维素纤维细胞壁内层、外层中半纤维素组分含量的差距也逐渐降低。纤维素纤维细胞壁内层（50%~100%剥皮量）的半纤维素组分含量大约为5.10%，纤维素纤维细胞壁外层（0~15%剥皮量）中半纤维素组分含量为3.05%，内层的半纤维素组分含量比外层约高40%，这明显低于半纤维素组分大量溶出阶段（冷碱抽提处理0~

10 min)过程中纤维素纤维细胞壁内层、外层中半纤维素组分含量的差距(52%，图2-3)。

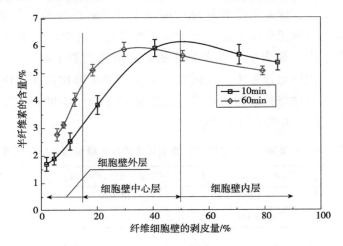

图2-4 迁移阶段纤维素纤维细胞壁结构中半纤维素组分含量的分布

从表2-5可看出，在半纤维素组分的迁移阶段，纤维素纤维细胞壁中剩余半纤维素的摩尔质量和多分散性指数基本没有变化，处理前、后剩余半纤维素的数均摩尔质量分别为8900 g/mol和8950 g/mol，半纤维素的重均摩尔质量分别为12 600 g/mol和12 610 g/mol，半纤维素的多分散性指数也基本维持在1.40左右。半纤维素的摩尔质量没有变化，这是因为没有半纤维素组分的溶出，此阶段中半纤维素组分的溶出速率和溶出量都基本为零(表2-3和图2-2)。在10~60 min的冷碱抽提处理过程中，半纤维素组分只是从纤维素纤维细胞壁内层转移到细胞壁外层，即半纤维素组分在纤维素细胞壁结构中的迁移，并没有半纤维素组分的溶出，因此半纤维素的摩尔质量没有发生明显变化。

表2-5 迁移阶段过程中纤维素纤维的半纤维素摩尔质量

处理时间/min	数均摩尔质量/(g/mol)	重均摩尔质量/(g/mol)	多分散性指数
10	8900	12600	1.42
60	8950	12610	1.41

在半纤维素组分的大量溶出阶段(冷碱抽提处理的0~10 min)，低摩尔质量且分布于纤维素纤维细胞壁外层的半纤维素组分大量溶出，最终导致剩余的半纤维素摩尔质量偏高，且多位于纤维细胞壁内层结构中。在随后的冷碱抽提处理中(冷碱抽提处理的10~60 min)，纤维素纤维的剩余半纤维素组分并没有溶出，只是从纤维细胞壁内层迁移到外层，导致内层的半纤维素组分含量下降，外层的半纤维素组分含量上升。半纤维素组分迁移阶段的作用是纤维细胞壁内层中摩尔质量较大的半纤维素组分迁移到纤维细胞壁外层，可以为后续的半纤维素组分溶出做好准备工作。

2.3.2.3 半纤维素组分的残余溶出阶段

经过半纤维素组分的迁移阶段(冷碱抽提处理的10~60 min)，位于纤维素纤维细胞壁内层、摩尔质量较大的剩余半纤维素组分开始转移到细胞壁外层(图 2-4),最终在随后的处理过程中残余半纤维素组分能够缓慢溶出。如图 2-5 所示,在半纤维素组分的残余溶出阶段中,进一步的冷碱抽提处理(60~240 min)能够继续溶出残余的半纤维素组分。在纤维素纤维细胞壁外层,半纤维素组分含量从 60 min 的 3.05%下降至 240 min 的 1.60%;在纤维素纤维细胞壁中心层,半纤维素组分含量从 60 min 的 5.50%下降至 240 min 的 3.10%;在纤维素纤维细胞壁内层,半纤维素组分含量从 60 min 的 5.10%下降至 240 min 的 3.50%。在此阶段,纤维素纤维细胞壁外层、中心层和内层的半纤维素组分都有溶出。在冷碱抽提处理的 60~240 min 过程内,纤维细胞壁中半纤维素组分的含量从 5.53%降低至 3.62%,共下降 1.91%。尽管在此过程中剩余半纤维素组分仍然能够溶出,但需要的处理时间较长,并且溶出量较低,半纤维素组分的溶出速率也远远低于大量溶出阶段的溶出速率(冷碱抽提处理的 0~10 min),因此纤维素纤维的纯化效果较差。

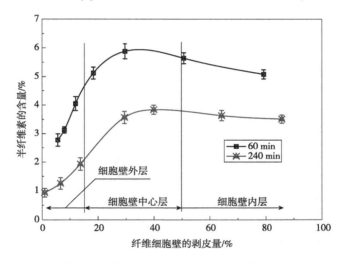

图 2-5 残余溶出阶段纤维素纤维细胞壁结构中半纤维素组分含量的分布

此外,在半纤维素组分的残余溶出阶段,纤维素纤维细胞壁各层中的半纤维素组分都能够得到溶出,因此半纤维素组分最高含量的位置点基本没有发生变化,维持在纤维素纤维细胞壁的 35%剥皮量处。但是,纤维素纤维细胞壁内层、外层中半纤维素组分含量的差距却逐渐升高。纤维素纤维细胞壁内层的半纤维素组分含量约为 3.50%,纤维素纤维细胞壁外层的半纤维素组分含量约为 1.60%,内层的半纤维素组分含量比外层约高 54%,这高于半纤维素组分迁移阶段(冷碱抽提处理 10~60 min)纤维细胞壁内层、外层结构中半纤维素组分含量的差距(40%的差距),但接近于大量溶出阶段(冷碱抽提处理 0~10 min)纤维细胞壁内层、外层半纤维素组分含量的差距(52%的差距)。纤维素纤维细胞壁内层、外层中半纤维素组分含量差距的变化(从迁移阶段后的 40%增加到残余溶出阶段后的 54%),也证明在残余半纤维素组分的溶出过程中,纤维素纤维细胞壁外层的半纤维素组分比内层的半纤维素组分更容易溶出。

随着半纤维素组分的进一步溶出,剩余半纤维素的摩尔质量则继续增加。表 2-6 显示，纤维素纤维中剩余半纤维素的数均摩尔质量从 8950 g/mol 上升至 12 100 g/mol；半纤维素的重均摩尔质量从 12 610 g/mol 上升至 15 900 g/mol；同时半纤维素的多分散性指数则从 1.41 下降至 1.31，即随着低摩尔质量半纤维素组分的溶出，纤维素纤维中剩余半纤维的摩尔质量均匀上升，且剩余半纤维素摩尔质量的分布越来越窄，呈集中分布。纤维素纤维中半纤维素组分的溶出增加剩余半纤维素的摩尔质量，剩余半纤维素摩尔质量的提高却限制半纤维素组分的进一步溶出，这可以部分解释半纤维素组分在大量溶出阶段和残余溶出阶段溶出速率的差异。在冷碱抽提处理 0 min 时（半纤维素组分大量溶出的初始阶段），半纤维素的摩尔质量偏小（数均摩尔质量 6800 g/mol、重均摩尔质量 10 700 g/mol），因此半纤维素组分的溶出速率相对较快（0.4268%/min）；在冷碱抽提处理 60 min 时（半纤维素组分残余溶出的初始阶段），半纤维素的摩尔质量偏大（数均摩尔质量 8950 g/mol、重均摩尔质量 12 610 g/mol），因此半纤维素组分的溶出速率较慢（0.009%/min）。

表 2-6 残余溶出阶段过程中纤维素纤维的半纤维素组分摩尔质量

处理时间/min	数均摩尔质量/(g/mol)	重均摩尔质量/(g/mol)	多分散性指数
60	8950	12 610	1.41
240	12 100	15 900	1.31

总之，在半纤维素组分的残余溶出阶段，纤维素纤维中半纤维素组分的溶出效率低，耗时长，溶出量低，纤维素纤维的纯化效果较差，但纤维素纤维中剩余半纤维素的摩尔质量也逐渐增大。同时，纤维素纤维细胞壁内层和外层结构中剩余半纤维素组分含量的差距也增加，但半纤维素组分最高含量的位置点基本没有变化。因此，在实际生产过程中，不建议延长冷碱抽提处理时间到半纤维素组分的残余溶出阶段。

2.3.3 半纤维素组分的冷碱溶出机制及影响因素

冷碱抽提溶出纤维素纤维中的半纤维素组分，可以认为是一个物理过程，即纤维素纤维内部结构中高浓度的半纤维素组分转移到纤维外部体系中（碱液）。整体上分析冷碱抽提处理溶出半纤维素组分、纯化纤维素纤维的过程可以分为 3 个阶段：①冷碱润胀纤维素纤维；②半纤维素组分与纤维素脱离；③溶解的半纤维素组分溶出到纤维外部体系中。

对于第一阶段，碱液首先浸泡接触纤维素纤维，并逐渐渗透到纤维内部；纤维素纤维发生碱性润胀，紧密的结构变得疏松，纤维素分子的整齐排列模式遭到破坏，最终造成纤维素分子间氢键的断裂，纤维素纤维的体积膨胀变大。纤维素纤维的表面形态、纤维素的晶型以及碱液的润胀能力均会影响此阶段的效果。纤维素纤维的比表面积越大，纤维表面的孔隙越多，孔隙直径越大，碱液的渗透速度和速率越快，纤维素纤维的润胀效果越好。纤维素分子排列松散，纤维素的无定形区比例较大，也都会促进碱液在纤维素分子间和内部的渗透。同时，在碱液中引入一些能够提高碱液流变性能和渗透能力的化学助剂，也会提升碱液在纤维素纤维内部结构中的渗透效果。

碱液通过切断碳水化合物分子链之间（纤维素分子间、半纤维素分子间以及纤维素和半纤维素分子间)的氢键结合，使纤维素纤维发生润胀，纤维素分子间的距离变大，又进一步促进纤维素纤维体系中氢键的破坏。众所周知，半纤维素分子链和纤维素分子链之间的作用力要远远弱于纤维素分子链之间的作用力，因此，在纤维素纤维碱性润胀的条件下，半纤维素分子链之间的氢键以及半纤维素和纤维素分子链之间的氢键首先被破坏，原本缠绕在纤维素分子结构上的半纤维素转变为游离状态，与纤维素分子链脱离，并且能够溶解在碱液体系中。因此，在第二阶段，碱液溶解半纤维素组分的能力决定此阶段的效果。体系的极性基团越多，半纤维素的摩尔质量越小、支链越多，半纤维素组分在碱液中的溶解度越大，同时碱液溶解半纤维素组分的能力也影响半纤维素组分的溶解程度。因此，半纤维素组分在碱液中的溶解量是影响此阶段效果的重要指标。

对于第三阶段，由于浓度差的作用，溶解在碱液中的半纤维素组分会通过纤维素纤维细胞壁结构的孔道和纤维表面的孔隙，溶解到外部碱液体系中。因此，半纤维素组分在纤维素纤维细胞壁中的位置、半纤维素的摩尔质量以及纤维素纤维形态决定第三阶段的半纤维素组分溶出效率。相比于纤维素纤维细胞壁内层结构，外层的半纤维素组分需要穿过的通道较短，因此，位于外层的半纤维素组分更容易扩散到外部体系中。半纤维素的摩尔质量可以间接表征半纤维素的分子体积和长度，它和纤维表面的孔隙(孔隙容积、直径和数量等)相互作用，共同控制半纤维素组分的溶出效率。如果半纤维素分子链的长度大于纤维表面孔隙的直径，半纤维素组分的溶出就会受到阻碍，从而限制半纤维素组分的溶出效率，因此短链的半纤维素(小摩尔质量)和宽大的纤维表面空隙直径是保证半纤维素组分顺利溶出的先决条件。同时，碱液的良好流动性和较低黏度也有利于其输送半纤维素组分到纤维素纤维外部体系中。

因此，冷碱抽提溶出半纤维素组分、纯化纤维素纤维的过程可以简化为：碱液的渗透、纤维素纤维的润胀、半纤维素组分的游离溶解以及半纤维素组分的扩散。同时，纤维素纤维的形态和超微结构(比表面积、孔隙容积和直径)、纤维素的结构(无定形区的比例和结晶区的破坏程度)、半纤维素的状态(半纤维素的摩尔质量和半纤维素的分布位置)以及碱液的条件(流动性、渗透性和黏度)等共同作用和影响此过程，最终控制和决定冷碱抽提溶出纤维素纤维中半纤维素组分的效果、速率和能力。

2.4　小　结

冷碱抽提处理纤维素纤维溶出半纤维素组分的历程可以分为3个的阶段：大量溶出阶段、迁移阶段和残余溶出阶段。在大量溶出阶段，半纤维素组分的溶出速率高、溶出效率高，纤维素纤维外层的半纤维素组分容易溶出，因此处理后，细胞壁内层和外层的半纤维素组分含量差距增大，半纤维素组分最高含量的位置点明显内移。剩余半纤维素的摩尔质量明显增加，摩尔质量的多分散性指数下降。在迁移阶段，纤维素纤维中剩余半纤维素组分基本没有溶出，半纤维素的摩尔质量没有变化。纤维素纤维细胞壁内层的半纤维素组分整体迁移到细胞壁外层，内层、外层中半纤维素组分含量的差距降低，半纤维素组分最高含量的位置点外移。在残余溶出阶段，剩余半纤维素组分的溶出速率低、溶出效率低。处理后，纤维素纤维细胞壁内层和外层的半纤维素组分含量差距增大，但半纤维素组分最高含量的位置点基本没有变化。剩余半纤维素的摩尔质量进一步降低，摩尔质量分布更加集中。纤维素纤维的表面孔隙和比表面积、纤维素的结晶结构、半纤维素的摩尔质量和含量分布、碱液的黏度和流动性共同决定影响冷碱抽提溶出半纤维素组分的效果和效率。如果能够合理控制这些条件状况，将会大大提升冷碱抽提处理纯化纤维素纤维的应用价值和实际意义。

3　耦合化学处理的冷碱抽提纯化技术

作为天然可再生的资源,纤维素纤维已经得到非常广泛的应用。纤维素纤维是获取高纯度纤维素组分的主要渠道。研究表明,冷碱抽提(CCE)可以选择性地溶出纤维素纤维中的半纤维素组分,提高其α-纤维素组分含量,有效提升纤维素纤维的纯度。第2章的研究发现,冷碱抽提处理纤维素纤维分离半纤维素组分属于物理过程,碱液特性是控制影响半纤维素组分在冷碱抽提过程中溶出半纤维素组分的关键因素之一。降低碱液黏度、提高碱液流动性,一方面可以增强碱液对于纤维的渗透、提高纤维的润胀,另一方面也可以提升碱液对半纤维素组分的运输效果。因此,通过在体系中引入其他化学试剂,优化碱液的性能参数,提升其与纤维素分子和半纤维素分子的作用能力,有望进一步强化半纤维素组分的溶出、纤维素纤维的纯化效果。

3.1　聚乙二醇强化冷碱抽提纯化策略

聚乙二醇(PEG)是一种典型的非离子型表面活性剂,可以作为分散剂、渗透剂、润湿剂和增溶剂,已经广泛应用于实际生产中,包括制浆行业、废纸回收系统和木质素的转化领域等。聚乙二醇添加到硫酸盐制浆过程中,能够提高蒸煮液在木片中的渗透和扩散,最终可以大幅度降低纸浆中的木质素含量和筛渣率。Eriksson等研究发现采用聚乙二醇可以提高酶水解纤维素纤维的水解速率和效果。Serebryakova和Tokareva指出在黏胶纤维的生产过程中,聚乙二醇能够改善纤维素纤维的润胀性能,从而提升纤维素的碱化反应(与NaOH)和黄原酸化反应(与CS_2)能力。

3.1.1　实验材料与方法

3.1.1.1　实验材料

铁杉酸性亚硫酸盐纸浆纤维,其碳水化合物的含量见表3-1。

表 3-1 铁杉酸性亚硫酸盐纸浆纤维中碳水化合物的含量　　　　单位:%

碱溶解度		单糖组分			
$R_{17.5}$	S_{18}	葡萄糖	甘露糖	木糖	半乳糖
88.58	11.82	88.92	6.52	4.46	0.42

3.1.1.2　实验方法

聚乙二醇强化冷碱抽提处理:把聚乙二醇溶于蒸馏水中,配置浓度为 5 g/L 的聚乙二醇溶液。取 20 g 绝干的铁杉酸性亚硫酸盐纸浆纤维样品放在 PE 塑料袋中,加入聚乙二醇溶液并混合均匀,随后加入碱液,并用蒸馏水调节碱溶液浓度和纸浆纤维浓度至 4% 和 5%,在 25 ℃温度下处理 60 min。聚乙二醇的浓度分别是 0、0.01 g/L、0.1 g/L、0.5 g/L、1.0 g/L、2.0 g/L 和 2.5 g/L。在处理过程中,每隔 10 min 揉捏样品一次。反应结束后,采用去离子水冲洗样品至中性,并用布氏漏斗收集纸浆备用。

红外分析:样品的红外分析(FT-IR)在傅里叶转换红外光谱分析仪上进行检测。样品经过真空干燥,采用 KBr 压片法在 FT-IR 上进行检测分析。

3.1.2　结果与讨论

3.1.2.1　聚乙二醇强化冷碱抽提纯化纤维素纤维的设计思路

NaOH 溶液可以高度润胀纤维素纤维,因此冷碱抽提可以高效地溶出纤维素纤维中的半纤维素组分。第 2 章的研究也表明通过改善碱液性能,如降低碱液黏度和增加碱液渗透能力,能够提升冷碱抽提过程中纤维的碱性润胀性能,最终可以提高半纤维素组分的脱除效果。鉴于以上分析,本部分研究中引入聚乙二醇的主要作用是:

①聚乙二醇能够提高化学药品在纤维细胞壁中的渗透和扩散效果。在冷碱抽提纯化纤维素纤维的过程中,聚乙二醇的添加可以帮助 NaOH 渗透和扩散到纤维细胞壁的内部结构中,也能增加半纤维素组分向纤维细胞外部的扩散。前者可以提高纤维素纤维的润胀和半纤维素组分的溶出,后者更是可以直接增加半纤维素组分的去除。

②聚乙二醇能够改善纤维的润胀效果。在冷碱抽提过程中,引入的聚乙二醇能够吸附在纤维表面和渗透到纤维内部,进而增加纤维细胞在冷碱抽提处理过程中的润胀程度。同时,NaOH 在纤维素纤维内部中渗透和扩散效果的提高,可以进一步促进纤维素纤维润胀能力的提升。

据文献报道,在制浆过程中添加聚乙二醇可以实现蒸煮液在木材原料中均匀地渗透和扩散。Baptista 等探讨聚乙二醇改善针叶材硫酸盐蒸煮过程,结果表明,聚乙二醇可以帮助蒸煮液在木片中更加均匀、更加快速地渗透和扩散,进而提高蒸煮效率,最终降低纸浆的卡伯值和筛渣率。此外,聚乙二醇也能够分散半纤维素,增加半纤维素组分在碱液中的流动性,最终提高半纤维素组分从纤维内部扩散到纤维外部的程度。对于冷碱抽提过程,其处理温度比硫酸盐蒸煮过程偏低,但是碱液浓度却非常高,因此,在冷碱抽提处理过程中添加的聚乙二醇，能够增加 NaOH 在纤维内部的渗透和扩散，提高溶解的半纤维素组分向纤维素纤维外部的扩散，最终促进半纤维素组分从铁杉酸性亚硫酸盐纸浆纤维素纤维中溶出，实现纤维素纤维的有效纯化。

Kitani 等研究表明，聚乙二醇既可以吸附到纤维表面，又能够渗透到纤维内部。聚乙二醇分子链上具有丰富的极性基团，在冷碱抽提纯化纤维素组分的过程中可以明显地改善纤维的润胀能力。Serebryakova 和 Tokareva 指出，在纤维素纤维的碱浸泡过程中，聚乙二醇对纤维润胀的提高有积极的贡献作用。同时，聚乙二醇促进 NaOH 向纤维内部结构中的渗透和扩散也进一步提升纤维的润胀能力。

总之，聚乙二醇引入到冷碱抽提纯化纤维素纤维的处理过程中，一方面能够增加 NaOH 在纤维素纤维内部结构中的渗透和扩散能力，促进溶解的半纤维素组分扩散到纤维外部体系中；另一方面也可以积极改善纤维的润胀能力，最终可以提高铁杉酸性亚硫酸盐纸浆纤维素纤维中半纤维素组分的溶出效率。

3.1.2.2 半纤维素组分的溶出效率

聚乙二醇的添加能够影响冷碱抽提溶出铁杉酸性亚硫酸盐纸浆纤维素纤维中半纤维素组分的能力和效果。如图 3-1 所示，当没有添加聚乙二醇时（空白处理），冷碱抽提处理溶出铁杉样品中少量的半纤维素组分，其剩余半纤维素组分含量从 11.40% 降低到 8.06%。在此处理条件的基础上，引入的聚乙二醇可以提高半纤维素组分的溶出效率，处理后铁杉纤维样品中半纤维素组分含量远远低于空白处理样品。从图 3-1 也可以看出，增加聚乙二醇的浓度（用量），可以进一步促进半纤维素组分的溶出。例如，当聚乙二醇的用量为 1 g/L 时，冷碱抽提处理后样品中半纤维素组分含量为 5.30%，处理效果好于空白样品（8.06% 的半纤维素组分含量）；提高聚乙二醇的用量至 2.5 g/L 时，冷碱抽提处理可以进一步降低样品纤维中半纤维素组分含量至 4.75%。因此，在冷碱抽提处理过程中，聚乙二醇的引入能够增加半纤维素组分从纤维素纤维中的溶出程度。从图 3-1 中，聚乙二醇也可以提升冷碱抽提处理后样品纤维中 α-纤维素组分含量。1 g/L 聚乙二醇可以提高纤维的 α-纤维素组分含量，从初始的 88.58% 到处理后的 94.34%，这也高于空白样品（未添加聚乙二醇的冷碱抽提处理）的 91.50%。总之，聚乙二醇强化冷碱抽提处理可以有效地增加纤维素纤维中 α-纤维素组分含量，提高纤维素的纯度，提升纤维素纤维的等级。

据文献报道，在冷碱抽提处理过程中，半纤维素组分的溶出可以简单分为两个阶段：①碱液润湿并渗透到纤维素纤维内部结构；②半纤维素组分溶解并扩散到外部体系中。聚乙二醇的引入可以改善半纤维素组分溶出过程的第一阶段。因为它能够增加纤维素纤维的润湿性，进而提高碱液在纤维素纤维内部结构中的渗透和扩散效果。另外，聚乙二醇可以良好地分散溶解的半纤维素组分，提高半纤维素组分在碱液中的流动性，因此聚乙二醇也能够促进更多溶解的半纤维素组分扩散到纤维素纤维的外部体系中（半纤维素组分溶出过程的第二阶段）。

FT-IR 的结果表明，聚乙二醇可以吸附到纤维表面、渗透到纤维内部。如图 3-2 所示，

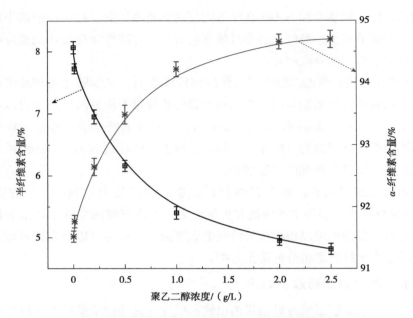

图 3-1　纤维素纤维中半纤维素和 α-纤维素的含量

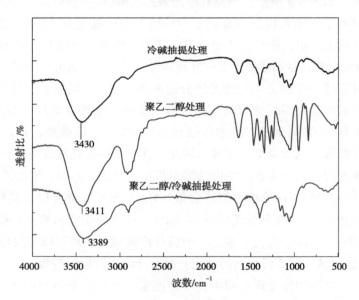

图 3-2　纤维素纤维的红外光谱

（注：聚乙二醇用量为 1 g/L）

聚乙二醇强化冷碱抽提处理后纤维样品的羟基振动峰（样品3，3389 cm^{-1}）低于单独冷碱抽提处理后的纤维样品（样品1，3430 cm^{-1}），其原因是聚乙二醇强化冷碱抽提处理的纤维样品中残存的聚乙二醇能够影响纤维的羟基振动峰。Liang 等研究纤维素分子和聚乙二醇分子间的相互反应，结果表明，聚乙二醇（4000 g/mol 的重均摩尔质量）强化纤维素分子的作用导致纤维素羟基峰出现红移现象，从空白纤维样品的 3401 cm^{-1} 位置迁移到处理后纤维样品的 3315 cm^{-1} 位置。在纤维表面或者纤维内部中的聚乙二醇，可以提高冷碱抽提处理过程中纤维素纤维的润胀能力。Jeremic 探讨聚乙二醇在红杉木片中的渗透行为，研究结果表明，含 30%聚乙二醇（1000 g/mol 的重均摩尔质量）的甲苯溶液处理木片 60 min，木材纤维的润胀能力可以提高 11.5%。Serebryakova 和 Tokareva 也指出，在黏胶纤维的生产过程中，添加聚乙二醇到纤维素纤维的碱浸渍阶段，能够改善纤维的润胀能力，增加碱液在纤维素晶型结构中的渗透效果，进而可以获得更加均质的碱纤维素。

总之，引入的聚乙二醇能够提升冷碱抽提处理溶出半纤维素组分的能力，这主要归因于聚乙二醇增加 NaOH 在纤维内部的扩散，提高溶解的半纤维素组分扩散到外部体系中，并且改善纤维素纤维的润胀能力。

3.1.2.3 残余半纤维素组分含量的分布

聚乙二醇能够提升冷碱抽提处理过程中纤维素纤维的半纤维素组分溶出程度，也能够影响半纤维素组分在纤维细胞壁中的含量分布。图 3-3 是冷碱抽提处理对纤维细胞壁微细结构中半纤维素组分含量分布的影响。从图 3-3 中，对于未处理的样品纤维，半纤维素组分含量在沿着纤维细胞壁方向上的分布是不均匀的：细胞壁外层（0~15%剥皮量）的半纤维素组分含量较低，中心层（15%~50%剥皮量）的半纤维素组分含量最高，内层（50%~100%剥皮量）的半纤维素组分含量又逐渐降低。例如，在 5%剥皮量处（细胞壁外层），半纤维素组分含量是 6.5%；在 30%剥皮量处（细胞壁中心层），半纤维素组分含量升高到 12.6%；在 70%剥皮量处（细胞壁内层），半纤维素组分含量又回落到 11.8%。Kallmes 报道对于云杉亚硫酸盐未漂浆，纤维细胞壁的 P 层和 S_1 层有较低的半纤维素组分含量，比 S_2 层低 5.90%。

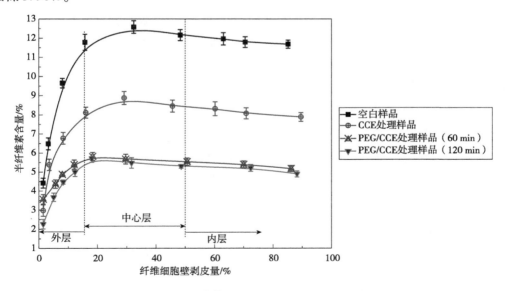

图 3-3 纤维素纤维细胞壁结构中半纤维素组分含量的分布

（注：CCE 表示冷碱抽提；PEG 表示聚乙二醇；聚乙二醇用量为 1 g/L）

从图 3-3 也可以看出，单独的冷碱抽提（即 CCE，没有添加聚乙二醇）处理后铁杉纤维样品中半纤维素组分在细胞壁外层、中心层和内层的含量都要比空白样品的低。冷碱抽提处理纤维样品中半纤维素组分含量在沿着细胞壁方向上也呈不均匀分布的状态，它的分布趋势类似于空白样品中半纤维素组分含量的分布，即细胞壁中心层和内层的半纤维素组分含量高于细胞壁外层。在冷碱抽提处理过程中，引入的聚乙二醇增加半纤维素组分的溶出效率，因此，聚乙二醇强化冷碱抽提纤维样品中半纤维素组分含量远远低于单独的冷碱抽提纤维样品（图 3-1 和图 3-3）。此外，聚乙二醇强化冷碱抽提样品中的半纤维素组分呈现相对均匀的横向分布。

从图 3-3 中，聚乙二醇强化冷碱抽提（即 PEG/CCE）处理改变纤维素纤维细胞壁结构中半纤维素组分最高含量的位置点。对于空白样品，纤维细胞壁中半纤维素组分最高含量的位置点在细胞壁的 31%剥皮量处，而聚乙二醇强化冷碱抽提处理后，它前移到细胞壁的 18%剥皮量处。此外，在纤维细胞壁的最低剥皮量处（细胞壁的 1.5%剥皮量），聚乙二醇强化冷碱抽提纤维样品的半纤维素组分含量比单独冷碱抽提纤维样品的偏高，这可能是由于聚乙二醇强化冷碱抽提处理促进半纤维素组分从纤维细胞壁内层扩散到外层，进而导致细胞壁外层有较高的半纤维素组分含量。在本部分的研究条件下（60 min 的处理时间），纤维素纤维中的半纤维素组分没有得到有效且充分的扩散；延长处理时间至 120 min，可溶出的半纤维素组分就会有足够的时间扩散到细胞壁外部，最终聚乙二醇强化冷碱抽提处理纤维样品（120 min 的处理时间）中细胞壁各处的半纤维素组分含量都要低于单独冷碱抽提处理纤维样品（图 3-3）。

在聚乙二醇强化冷碱抽提处理体系中，聚乙二醇作为共溶剂，提高纤维素纤维在碱液中的润胀效果，帮助 NaOH 扩散和渗透到纤维细胞的内部结构中，增加半纤维素组分溶出到细胞壁外部。总之，聚乙二醇添加到冷碱抽提处理过程中，提高铁杉酸性亚硫酸盐纸浆纤维素纤维中半纤维素组分的溶出程度，不仅大幅度降低纤维素纤维样品中的半纤维素组分含量，而且使半纤维素组分在纤维细胞壁中的分布更加均匀化，这都有利于高等级纤维素纤维下游产品的生产处理。

3.1.2.4 残余半纤维素组分的摩尔质量特征

表 3-2 为纤维素纤维样品中残余半纤维素的摩尔质量及其多分散性指数。从表 3-2 中，作为酸性亚硫酸盐浆纤维，空白样品中半纤维素的数均摩尔质量和重均摩尔质量是较小的。另外，它的多分散性指数也相对较高，这表明半纤维素的摩尔质量分布较宽。

表 3-2 半纤维素的摩尔质量

样品类型	数均摩尔质量/(g/mol)	重均摩尔质量/(g/mol)	多分散性指数
空白样品	6800	10 700	1.57
冷碱抽提处理样品	8500	12 000	1.41
聚乙二醇/冷碱抽提处理样品	9700	12 800	1.32

注：处理条件为 1 g/L 的聚乙二醇用量，4%的 NaOH，5%的纸浆纤维浓度，25 ℃和 60 min。

半纤维素组分的溶出能够影响纤维素纤维中残余半纤维素的摩尔质量(数均摩尔质量和重均摩尔质量)和多分散性指数(多分散性指数=重均摩尔质量/数均摩尔质量)。单独冷碱抽提处理后，纤维样品中残余半纤维素的数均摩尔质量和重均摩尔质量都得到增加，从初始的6800 g/mol和10 700 g/mol分别上升至处理后的8500 g/mol和12 000 g/mol。低摩尔质量的半纤维素组分在冷碱抽提处理过程中更容易溶出，而高摩尔质量半纤维素组分的溶出则相对困难，最终导致处理后纤维素纤维中残余半纤维素的摩尔质量偏高。低摩尔质量半纤维素组分的溶出也会降低残余半纤维素组分的多分散性指数，从初始的1.57下降至冷碱抽提处理后的1.41。Hakla等发现在阔叶材硫酸盐浆的多次碱纯化过程中，低摩尔质量的聚木糖可以更加容易地溶出去除。

从表3-2可看出，在所有的样品中，聚乙二醇强化冷碱抽提处理后纤维素纤维样品中残余半纤维素的摩尔质量最高，其数均摩尔质量和重均摩尔质量分别是9700 g/mol和12 800 g/mol。同时，半纤维素组分的多分散性指数也最低，仅仅为1.32。这与聚乙二醇强化冷碱抽提处理导致半纤维素组分的高效溶出相对应。总之，聚乙二醇添加到冷碱抽提处理过程中，可以提高半纤维素组分的溶出程度，增加纤维素纤维结构中残余半纤维素组分的摩尔质量。

3.1.3 小 结

添加聚乙二醇到冷碱抽提处理过程中，能够增加半纤维素组分从纤维素纤维中的溶出效率。聚乙二醇强化冷碱抽提处理降低纤维素纤维中半纤维素组分含量；纤维样品中残余半纤维素组分的摩尔质量升高，多分散性指数降低。聚乙二醇强化冷碱抽提处理能够增加半纤维素组分的溶出是由于引入的聚乙二醇可以促进NaOH渗透和扩散到纤维素纤维内部结构中，也可以帮助半纤维素组分溶出到外部体系中；聚乙二醇可以吸附在纤维素纤维表面和渗透到纤维素纤维内部，能够增加纤维素纤维的润胀程度，最终也促进半纤维素组分的溶出。聚乙二醇强化冷碱抽提处理可以溶出纤维素纤维细胞壁各个区域中的半纤维素组分。聚乙二醇强化冷碱抽提处理导致纤维素纤维细胞壁中半纤维素组分的分布更加均匀。

3.2 尿素强化冷碱抽提纯化策略

碱抽提过程可以有效地从纤维素纤维中移除半纤维素组分，主要是因为NaOH的氢氧根离子(OH^-)会断裂、破坏纤维素和半纤维素之间以及纤维素分子链之间的氢键，导致纤维素纤维润胀，然后促进半纤维素组分的移除。同时钠离子(Na^+)也有助于该过程，因为形成的钠-水合物可以渗透并分裂纤维素纤维的内部结构，进一步增加其润胀效果。在此基础上，通过引入尿素在极高的浓度(6%~10%的NaOH和8%~12%的尿素浓度)和低温(-8~-10 ℃)条件下，尿素/NaOH的水溶液体系能够溶解纤维素纤维，这也是通过破坏纤维素分子间和分子内的氢键。由于半纤维素分子的聚合度远远低于纤维素分子，且半纤维素分子的氢键能力比纤维素分子弱，所以相同的尿素/NaOH 体系在较为温和的处理条件下（较低的尿素和 NaOH 浓度，较为温和的温度），即可以实现纤维素纤维中半纤维素组分的有效溶出，进而生产高质量的纤维素纤维（溶解浆）。

3.2.1 实验材料与方法

3.2.1.1 实验材料

本实验材料同 3.1.1.1。

3.2.1.2 实验方法

尿素强化冷碱抽提处理：首先，把尿素溶于蒸馏水中，浓度为 100 g/L。取 20 g 绝干的铁杉酸性亚硫酸盐纸浆纤维样品放在 PE 塑料袋中，加入尿素溶液并混合均匀，随后加入碱液，并用蒸馏水调节 NaOH 浓度（5%）和纸浆纤维浓度（10%），在 25 ℃温度下处理 30 min。尿素的浓度分别是 0、0.05%、0.1%、0.5%、1% 和 2%。在处理过程中，每隔 10 min 揉捏样品一次。反应结束后，采用去离子水冲洗样品至中性，并用布氏漏斗收集纸浆备用。

纤维素纤维得率损失：在处理之前和之后收集样品并称重。计算纤维素纤维质量的差值作为得率损失。

半纤维素组分的溶出效率和选择性：半纤维素组分溶出效率和选择性分别计算如下。

$$溶出效率 = \frac{初始样品半纤维素含量 - 初始样品半纤维素含量}{初始样品半纤维素含量} \times 100\% \tag{3-1}$$

$$选择性 = \frac{初始样品半纤维素含量 - 处理后样品半纤维素含量}{得率损失} \times 100\% \tag{3-2}$$

扫描电镜观察：使用扫描电子显微镜（SEM，JEOL JSM-IT300，日本）研究纤维样品的横截面。在 SEM 观察之前，使用冷冻超薄切片机（Shandon Cryotome FE/FSE，Thermo Fish Scientific，美国）将样品冷冻干燥并切成薄片（5 μm）。

3.2.2 结果与讨论

3.2.2.1 尿素强化冷碱抽提纯化纤维素纤维的设计思路

冷碱抽提纯化技术可以有效地溶出纤维素纤维中的半纤维素组分，主要归因于：①纤维素纤维在碱溶液中发生润胀；②低摩尔质量/小体积的半纤维素分子溶解在碱溶液中并从纤维素纤维中游离到外部体系中。在冷碱抽提纯化过程中添加尿素可以进一步促进纤维素纤维的润胀以及增加半纤维素组分在碱溶液中的溶解程度，最终实现半纤维素组分的高效溶出。

尿素可以强化纤维素纤维结构中纤维素分子间氢键的断裂程度。尿素分子中的氨基可与纤维素分子中的羟基形成新的氢键，从而破坏纤维素分子结构中原有的氢键。另外，尿素分子展现强极性的效应，其羰基的氧原子也能参与体系氢键的形成，进而实现体系氢键网络的重构作用。因此，通过引入尿素而增加的体系羟基的容量有利于纤维素纤维结构的润胀。此外，形成的尿素水合物，具有较大的分子体积，可以插入到纤维素分子链之间，破坏纤维素纤维致密的结构，也有助于增加纤维素纤维的润胀效果。

类似于尿素分子与纤维素分子的反应，尿素分子也可以直接与半纤维素分子发生相互作用。同时，半纤维素和纤维素之间存在摩尔质量和形态差异，即半纤维素组分具有较低的摩尔质量/较小的分子体积和疏松的结构（无定形状态），因此，半纤维素分子更容易与尿素分子发生物理作用，其溶解和溶出的行为也更容易发生。相比于纤维素分子的溶解条件（低温的环境和较高浓度的尿素和NaOH用量），半纤维素分子的溶解条件可以更为温和，即较低的尿素用量、较小的NaOH浓度、较为温和的温度条件。

3.2.2.2 纤维素纤维的化学特征

图3-4为纤维素纤维样品的红外光谱图。纤维素纤维的基本结构单元为葡萄糖分子，然后通过糖苷键连接构建纤维素分子，在形成体系的分子间氢键和分子内氢键最终构筑致密结构的纤维素聚集体（纤维素纤维）。因此，纤维素纤维具有典型的葡萄糖单元的—OH伸缩振动和—CH—伸缩振动，以及糖苷键C—O—C的非对称伸缩振动，它们分别位于样品红外光谱图的3400 cm^{-1}、2900 cm^{-1}、1150 cm^{-1}位置。此外，NaOH处理的纤维素纤维和尿素/NaOH处理的纤维素纤维样品具有和原始纤维素纤维类似的红外光谱图，即—OH、—CH—、C—O—C官能团，表明此处理过程中仅为物理作用，未发生化学反应。

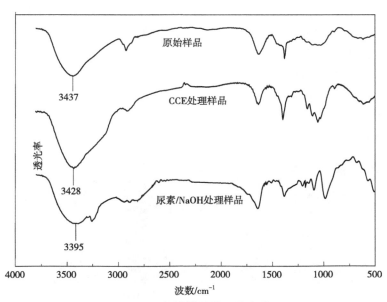

图3-4 纤维样品的红外光谱

(注：CEE表示冷碱抽提；尿素浓度为1%)

尽管上述3个纤维素纤维样品具有一致的官能团和类似的红外特征峰，但红外光谱图中三者的—OH特征峰的位置发生明显的移动：原始纤维素纤维样品为3437 cm^{-1}，NaOH处理纤维素纤维样品为3428 cm^{-1}，尿素/NaOH处理纤维素纤维样品为3395 cm^{-1}；即纤维素纤维样品的—OH 特征峰位置从高波数逐渐转变到低波数，发生明显的蓝移效应。—OH 特征峰位置波数的降低表明纤维素纤维样品中羟基之间作用的加强，产生更多、更强的氢键连接。因此，纤维素纤维样品的红外光谱结果证明尿素分子的引入可以丰富体系组分之间的氢键连接，强化纤维素纤维结构中的氢键作用效果，能够为后续半纤维素组分的溶出提供重要支持作用。尿素、NaOH 与纤维素分子间产生的强氢键作用可以增加纤维素纤维的润胀程度；尿素、NaOH 与半纤维素分子间产生的强氢键作用能够提升半纤维素分子的溶解效果。二者的共同作用最终大幅度提升纤维素纤维中半纤维素组分的溶出效率和能力。

3.2.2.3 纤维素纤维的结构特征

尿素/NaOH 强化纤维素纤维体系中氢键的结合程度，导致纤维素纤维润胀程度的明显提升，结果如图 3-5 所示。整体而言，原始纤维素纤维样品的纤维直径较小，纤维内腔较大，而 NaOH 处理样品呈现纤维直径增加和纤维内腔降低，这表明纤维素纤维发生明显润胀行为。Cuissinat 和 Navard 分析 NaOH 处理对棉浆纤维形貌结构的影响，结果表明，在 15% 的 NaOH 浓度和 5 ℃ 的条件下，棉浆纤维的直径增加 1.3~1.6 倍。

图 3-5（c）展示了尿素/NaOH 处理纤维素纤维样品的形貌。相比于原始的纤维样品和 NaOH 处理的纤维样品，尿素/NaOH 处理的纤维样品具有最小的纤维内腔和最大的纤维直径。尿素/NaOH 处理样品的纤维直径为 26.7 μm，NaOH 处理样品的纤维直径为 20.8 μm，而原始样品的纤维直径仅仅为 16.6 μm，即尿素/NaOH 处理样品比 NaOH 处理样品和原始样品的纤维直径分别增加约 1.3 和约 1.6 倍。早期的研究表明，与单独使用 NaOH 相比，尿素/NaOH 体系可以大幅度影响纤维素纤维的形貌结构，明显增加纤维的润胀程度：尿素/NaOH 和单独 NaOH 处理的纤维素纤维的直径比原始纤维分别增加 3.9 倍和 3.2 倍（12% 的尿素浓度、7.6% 的 NaOH 和 −5 ℃ 的处理条件）。此外，尿素/NaOH 处理的纤维样品呈现光滑的纤维表面形貌，而原始样品的纤维表面粗糙且有棱角。此外，尿素/NaOH 处理的纤维样品的纤维外表面出现许多绒毛，可以证明纤维素分子发生一定程度的脱落和溶解。

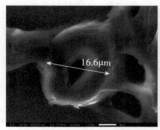 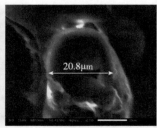 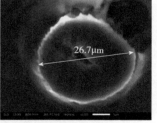

（a）原始的纤维素纤维样品　　（b）NaOH 处理的纤维素纤维样品　　（c）尿素/NaOH处理的纤维素纤维样品（1%的尿素浓度）

图 3-5　纤维素纤维横的截面 SEM 图像

尿素/NaOH 体系溶解纤维素的经典研究中（6%~10% 的 NaOH 和 8%~12% 的尿素浓度），尿素的重要作用是显著改善纤维素纤维在碱液中的润胀性能，并增加纤维素分子链之间氢键的断裂效果进而形成新的氢键网络。尿素分子中的—NH_2和—CO—基团可以与纤维素分子的羟基形成新的氢键，因此可以重构纤维素纤维体系的氢键网络结构。另一项研究表明，在尿素/NaOH溶解棉花纤维素的过程，尿素分子充当与纤维素分子形成氢键的供体和受体。此外，尿素分子还可以与NaOH协同作用使棉纤维发生强烈的润胀。体系中形成的尿素水合物具有较大的分子体积，能够分裂纤维素纤维的致密结构，从而进一步提升纤维素纤维的润胀效果。总之，尿素水合物与纤维素分子可以形成更多、更强的氢键，不仅直接改善纤维素纤维的润胀程度，而且有利于NaOH在纤维素纤维内部结构的渗透和扩散，间接地助推纤维素纤维的润胀。纤维素纤维的强烈润胀导致其致密结构发生松动/破裂，从而促进其结构中半纤维素分子的有效溶出。

3.2.2.4 半纤维素组分的溶出效率

尿素/NaOH体系中的尿素浓度对纤维素纤维中半纤维素组分和α-纤维素组分含量的影响如图3-6所示。原始纤维素纤维样品中半纤维素组分含量为11.22%，经过单独NaOH的处理，纤维素纤维中半纤维素组分含量为6.56%，即约40%的半纤维素组分得到溶出，表明单独NaOH处理可以实现纤维素纤维中半纤维素组分的初步溶出。前人研究成果已经证明，NaOH处理对于纤维素纤维溶出半纤维素组分是有效的。基于NaOH处理，Ibarra等人引入生物酶作用可以进一步提高半纤维素组分的溶出效率，将造纸等级的纤维素纤维成功升级为溶解浆级别的纤维素纤维。

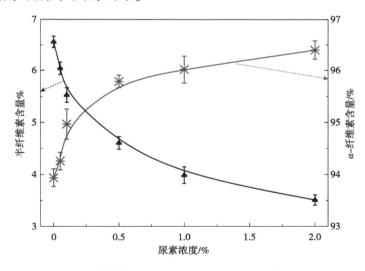

图3-6 尿素浓度对纤维素纤维中半纤维素组分和α-纤维素组分含量的影响

在此基础上引入尿素，可以提高冷碱抽提纯化过程中半纤维素组分的溶出效率。如图3-6所示，尿素/NaOH处理的纤维素纤维中半纤维素组分含量进一步降低，且半纤维素组分含量随着尿素浓度的增加呈现逐步降低趋势。例如，尿素浓度为0.1%时，纤维素纤维的半纤维素组分含量为5.53%；尿素浓度为0.5%时，纤维素纤维的半纤维素组分含量为4.61%；当尿素的浓度增加至1%时，纤维素纤维的半纤维素组分含量为3.99%，进一步提升体系尿素浓度至2%,处理后纤维素纤维中半纤维素组分含量仅仅剩余3.51%。NaOH溶液中尿素分子可以通过与纤维素分子形成氢键而断裂纤维素分子间原有的氢键网络,同时形成的大体积/尺寸的尿素水合物可以有效破坏纤维素纤维的致密结构,进而改善纤维素纤维的形貌特征,为半纤维素组分在纤维素纤维内部结构中的迁移和溶出提供传输路径。尿素分子还能够和半纤维素分子发生与纤维素分子相同的作用方式,可以促进半纤维素分子在碱溶液中的溶解程度,这直接有助于增强尿素/NaOH系统中半纤维素分子的溶出。

纤维素纤维中半纤维素组分含量的降低意味着其 α-纤维素组分含量的增加。如图3-6所示,随着尿素的引入,纤维素纤维的 α-纤维素组分含量开始增长,在0.1%的尿素浓度条件下,纤维素纤维的 α-纤维素组分含量为94.97%,达到硝化纤维素的等级(α-纤维素组分含量>94%);当尿素浓度为0.5%时,纤维素纤维的 α-纤维素组分含量为95.79%;进一步提升体系尿素浓度至2%,处理后样品中 α-纤维素组分含量高达96.40%,达到醋酸纤维素的等级(α-纤维素组分含量>96%)。总之,尿素/NaOH处理的纤维素纤维中 α-纤维素组分含量始终高于单独NaOH处理的纤维素纤维样品(93.94%),也远远高于原始纤维素纤维样品的 α-纤维素含量(约89%)。

尿素/NaOH处理还会影响纤维素纤维中碳水化合物的组成和含量,结果如图3-7所示。通常,聚甘露糖、聚木糖和聚半乳糖构成针叶材纤维的主要半纤维素成分,因此这些碳水化合物的总含量可以默认是针叶材纤维中半纤维素组分含量。相应地,随着纤维素纤维中半纤维素组分含量的降低,尿素/NaOH(即尿素/CCE)处理纤维素纤维样品中甘露糖组分、木糖组分和半乳糖组分(即半纤维素组分)的含量也呈现降低趋势,即与原始纤维素纤维样品和单独NaOH(即CCE)处理的纤维素纤维样品相比,尿素/NaOH处理的样品含有最低含量的甘露糖组分、木糖组分和半乳糖组分。原始样品中甘露糖组分、木糖组分和半乳糖组分含量分别为6.52%、4.46%和0.42%;单独NaOH处理的样品中甘露糖组分、木糖组分和半乳糖组分含量分别为3.38%、2.95%和0.23%;尿素/NaOH处理的样品中甘露

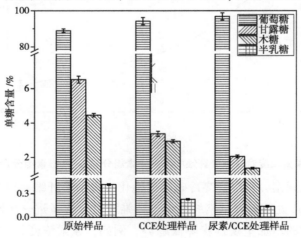

图3-7 纤维素纤维中碳水化合物的组成

(注:CCE表示冷碱抽提;尿素浓度为1%)

糖组分、木糖组分和半乳糖组分含量分别降低为2.07%、1.38%和0.14%。

根据文献报道，纤维素纤维的聚木糖组分具有比聚甘露糖组分更强的抗碱性，即冷碱抽提处理过程中聚甘露糖组分更容易溶出，而聚木糖组分更难溶出。因此，单独NaOH处理的纤维素纤维样品中甘露糖组分比木糖组分具有更高的含量降幅：甘露糖组分含量降低48%（从6.52%下降到3.38%），木糖组分含量下降34%（从4.46%下降到2.95%）。尽管聚甘露糖组分作为针叶材纤维的主要半纤维素组分，其有效溶出支持纤维素纤维中半纤维素组分含量的降低，但剩余的组分作为高抗碱性的碳水化合物仍然影响纤维素纤维的α-纤维素组分含量和纯度，甚至会降低纤维素纤维的品质和利用价值。尿素/NaOH的处理策略不仅可以增加半纤维素组分中聚甘露糖组分的溶出效率（含量从6.52%下降到2.07%），还可以实现冷碱抽提纯化过程中难以溶出的聚木糖组分的有效溶出（含量从4.46%降低到1.38%），聚甘露糖组分和聚木糖组分的溶出量均高达68%~69%，因此可以为制备低半纤维素组分含量、高α-纤维素组分含量的高品质纤维素纤维提供重要保证。

3.2.2.5 半纤维素组分的溶出效率和选择性

尿素/NaOH处理可以使纤维素纤维发生更多的半纤维素组分溶出，因此与单独NaOH处理相比，尿素/NaOH的处理策略展现更高的半纤维素组分溶出效率，见表3-3。例如，单独NaOH处理（尿素的浓度为0），半纤维素组分的溶出效率仅仅为41.53%；在0.1%的尿素浓度条件下，半纤维素组分的溶出效率可以增加至50.71%；提高尿素的浓度至0.5%，半纤维素组分的溶出效率能够提升至58.91%；而2%尿素浓度的尿素/NaOH处理可以实现半纤维素组分溶出效率高达68.72%，比单独NaOH处理高约27%。

表3-3 尿素浓度对半纤维素组分溶出效率和选择性的影响　　　　　　　　单位：%

尿素浓度	半纤维素溶出效率	半纤维素溶出选择性	得率损失
0	41.53	54.44	8.56
0.05	46.17	59.40	8.72
0.1	50.71	63.15	9.01
0.5	58.91	68.93	9.59
1	64.44	72.23	10.01
2	68.72	73.57	10.48

冷碱抽提处理不仅会溶解且溶出纤维素纤维中的半纤维素分子，还可能溶解并溶出低摩尔质量的纤维素分子。纤维素组分的溶出不仅增加纤维素纤维得率损失，还会复杂冷碱抽提液的化学组分，不利于冷碱抽提液中半纤维素组分的分离纯化，影响半纤维素组分的应用价值。单独NaOH处理的纤维素纤维样品中半纤维素组分溶出选择性仅仅为54.44%，表明NaOH处理液中的化学组分约1/2为半纤维素组分，1/2为纤维素组分，即单独NaOH处理会造成纤维素纤维样品中半纤维素组分和纤维素组分同等程度的溶解、溶出，容易造成纤维素组分的损失和浪费。当NaOH体系中引入尿素后，纤维结构中半纤维素组分的溶出选择性明显增加，且随着尿素浓度的提升呈现上升趋势。在0.1%的尿素浓度条

件下，半纤维素组分的溶出选择性从单独 NaOH 处理的 54.44%提升至 63.15%；而 2%尿素浓度的尿素/NaOH 处理可以实现纤维素纤维 73.57%的半纤维素溶出选择性，比单独 NaOH 处理高约 20%。由此证明，尿素/NaOH 处理可以完成纤维素纤维中更多的半纤维素组分溶出和更少的纤维素组分溶出，其纯化液中半纤维素组分含量明显高于纤维素组分含量，这对于制备高 α-纤维素组分含量的纤维素纤维和分离高纯度的半纤维素组分都具有重要的实际意义。

Gehmayr 等人采用 70 g/L 的 NaOH 处理氧脱木质素硫酸盐浆纤维进而溶出其中的木聚糖组分，在纸浆纤维浓度为 10%、处理温度为 30 ℃、处理时间为 30 min 的条件下，硫酸盐浆纤维的半纤维素组分溶出效率和选择性分别为 64.83%和 57.84%。Li 等人研究机械筛分强化碱抽提(NaOH 浓度为 100 g/L、纸浆纤维浓度为 10%、处理温度为 25 ℃、处理时间为 30 min 的条件下)处理条件对纤维素纤维中半纤维素组分溶出效率的影响，研究结果表明，强化处理导致半纤维素组分的溶出效率提高 7.5%(从对照碱抽提处理的 64.24%提高到强化处理的 71.74%)，半纤维素组分的溶出选择性提高 13.91%(从对照碱抽提处理的 74.37%提高到强化处理的 88.28%)。另一项研究显示，纤维素酶强化碱抽提处理中，在 0.5 mg/g 的纤维素酶剂量、8%的 NaOH、10%的纸浆纤维浓度、25 ℃ 的处理温度、30 min 的处理时间条件下，纤维素纤维中半纤维素组分的溶出选择性从单独 NaOH 处理的 62.01%提高至强化处理的 75.02%，涨幅为 13.01%。Hakala 等人的研究结果表明，采用木聚糖酶辅助碱抽提处理阔叶材硫酸盐纤维素纤维，纤维中木聚糖组分的溶出效率从 49.16%提高到 52.11%，木聚糖组分的溶出选择性从 68.23%提高到 68.33%(实验条件：1.2 U/g 的木聚糖酶用量，40 g/L 的 NaOH 用量，5.5%的硫酸盐浆纤维浓度，2 h 的处理时间和室温的处理温度)。

表 3-3 还显示处理后纤维素纤维得率损失。单独 NaOH 处理后纤维素纤维得率损失为 8.56%；2%浓度的尿素/NaOH 处理后纤维素纤维得率损失为 10.48%，略高于单独 NaOH 处理时，这主要是因为半纤维素组分溶出量的增加所导致。通过结合半纤维素组分的溶出选择性和纤维素纤维得率损失，可以计算得出：对于 100 g 的纤维素纤维，单独 NaOH 处理会溶出半纤维素组分约 4.66 g、溶出纤维素组分约 4.66 g；2%浓度的尿素/NaOH 处理会溶出半纤维素组分高达 7.97 g、溶出纤维素组分约仅仅 2.51 g。

3.2.3 小 结

研究在冷碱抽提纯化过程中通过添加尿素提高纤维素纤维中半纤维素组分的溶出效率。尿素分子直接破坏纤维素纤维中的分子间和分子内氢键；形成的尿素水合物进一步破坏纤维素纤维的致密结构；二者既促进纤维素纤维的润胀，又有利于半纤维素组分的溶出。此外，该体系中尿素分子与半纤维素分子的相互作用进一步增强半纤维素组分的溶解、溶出。因此，尿素/NaOH 处理的纤维素纤维中半纤维素组分含量低于单独 NaOH 处理的纤维素纤维中半纤维素组分含量(3.99%的尿素/NaOH 处理与 6.56%的单独 NaOH 处理)。此外，尿素/NaOH 处理技术展现出更高的半纤维素组分溶出效率和选择性。

4 耦合机械处理的冷碱抽提纯化技术

在传统的制浆造纸工业中,纸浆纤维的机械筛分处理已经得到广泛应用,其机理是根据纤维尺寸(长度、宽度和粗度)的不同,可以获得不同的纤维级分,这些不同的纤维级分具有各自独特的性能和价值,能够为纸张的不同用途作出贡献。通过机械筛分针叶材硫酸盐纸浆,Bäckström 和 Brännvall 发现长纤维级分比细小组分具有更高的可漂性。Lei[13]等机械筛分杨木碱性过氧化氢机械浆(P-RC APMP 浆),其研究结果表明,相对于短纤维级分,长纤维级分对纸张的强度性能产生更多的贡献作用。

浆料纤维经过机械筛分,可以得到不同的纤维级分,它们具有不同的特异性质,包括不同的化学成分、不同的物理性能和纤维形态。这些独特的纤维性能可能会影响冷碱抽提纯化和热碱抽提纯化处理中半纤维素组分的溶出效率。本部分研究的目的是探讨纤维素纤维的机械筛分处理为提升后续冷碱抽提和热碱抽提过程中半纤维素组分溶出效率的可能性。首先,机械筛分处理铁杉酸性亚硫酸盐纸浆纤维素纤维获得不同的纤维级分,并研究比较不同纤维级分的碳水化合物含量和纤维形态的差异;其次,分别探讨不同纤维级分(长纤维级分和短纤维级分)对不同碱抽提处理过程中半纤维素组分溶出效率和选择性的影响差异。

4.1 机械筛分强化冷碱抽提纯化策略

4.1.1 实验材料与方法

4.1.1.1 实验材料

铁杉酸性亚硫酸盐纸浆纤维素纤维取自加拿大西部的某厂。洗涤后的纸浆,经过平衡水分,在冰箱中保存备用。

4.1.1.2 实验方法

机械筛分处理:采用 Bauer-McNett 机械筛分仪进行纤维素纤维的机械筛分处理。取

10 g 绝干的纤维样品，经过标准纤维疏解器疏解后，放入 Bauer-McNett 筛分仪中，进行机械筛分操作处理。机械筛分时间为 20 min，水流的速度为 11 L/min。定义截留在 30 目筛板上的纤维为长纤维级分，而通过 30 目筛板的纤维为短纤维级分。

冷碱抽提纯化（CCE）：取 20 g 绝干的纤维素纤维样品，放在 PE 塑料袋中，加入碱液，并用蒸馏水调节碱溶液浓度和纸浆纤维浓度至 100 g/L 和 10 wt%。然后放置在 25 ℃的水浴锅中，处理 30 min。冷碱抽提处理中，每隔 10 min 揉捏一次样品。反应结束后，样品用蒸馏水冲洗至中性，并用布氏漏斗收集样品备用。

热碱抽提纯化（HCE）：取 20 g 绝干的纤维素纤维样品，先放置在 PE 塑料袋中，并用碱液和蒸馏水调节碱溶液浓度和纸浆纤维浓度至 10 wt% 和 10 wt%。然后把混合均匀的样品转移到 Parr 反应釜中，开启搅拌装置，并升高温度至 145 ℃，处理时间为 45 min。反应结束后，用蒸馏水冲洗样品至中性，并用布氏漏斗收集样品备用。

比表面积和孔隙测定：采用 BET 比表面积测定仪分析检测样品的比表面积（specific surface area，SSA）和孔隙。为保证纤维能够得到充分的分散，样品被稀释为 0.05% 的纸浆悬浮液。取 1 g 的风干样品进行冷冻干燥处理，以便去除水分然后把样品放置于比表面积测定仪，采用低温氮吸附理论检测分析和计算样品的比表面积和孔隙尺寸分布。

纤维表面形态观察：采用透射电子显微镜（transmission electron microscopy，TEM）观察样品的表面形态。样品经过冷冻干燥后，采用超微切片机裁剪为 100 nm 左右的薄片，最后放置到铜载网上进行 TEM 观察。

4.1.2 结果与讨论

4.1.2.1 机械筛分强化冷碱抽提纯化纤维素纤维的设计思路

碱抽提纯化处理可以有效地溶出纤维素纤维原料中的半纤维素组分，大幅度提高纤维素纤维的纯度。纤维素纤维经过机械筛分处理可以获得不同的纤维级分，它们具有不同的特异性质，可能会对半纤维素组分的碱纯化溶出产生不同的影响效果。基于以上分析，纤维素纤维机械筛分处理的主要作用是：

①不同的纤维级分可能包含不同的纤维类型，具体体现为具有不同化学成分和含量的纤维细胞。例如，管胞和薄壁细胞，它们具有不同的半纤维素组分含量。因此，纤维素纤维的机械筛分处理（基于纤维长度的不同）可以获得不同的纤维级分（具有不同的半纤维素组分含量），而且得到的低半纤维素组分含量的纤维级分可以用于生产高纯度的纤维素产品。

②不同的纤维级分可能具有不同的表面形态和物理特征，这些特异性可能会对后续的碱抽提纯化产生不同的影响效果。例如，长纤维级分可能会比短纤维级分更容易地去除半纤维素组分。因此，结合纤维机械筛分处理和碱抽提纯化处理可以明显地降低纤维素纤维中半纤维素组分含量，提高纤维素组分的纯度，最终能够生产高等级和高质量的纤维素纤维产品。

研究已经发现不同的纤维级分具有不同的纤维形态、化学成分和含量。通过机械筛分未漂的冷杉硫酸盐浆，Mansfield 等发现短纤维级分具有更多的聚木糖组分和更少的纤维素组分，而且纤维暴露更大的比表面积。Kerr 和 Goring 的研究表明，增加桦木纤维的孔隙尺寸可以促进木质素组分的溶解和扩散，进而提高酸性亚氯酸盐蒸煮过程中纤维的脱木质素速率。此外，半纤维素组分从纤维素纤维内部扩散到外部的过程可以逆向类似于生物酶从外部进入纤维素纤维内部的过程。Meng 和 Ragauskas 证明纤维素纤维形态可以影响纤维素对纤维素酶的可及度，其结果显示增大纤维素纤维的孔隙尺寸可以提高其可及度。总之，纤维素纤维的特征(孔隙尺寸和比表面积)被认为能够影响化学成分(半纤维素组分)从纤维细胞壁结构中的溶出效率。

如图 4-1 所示，本研究设计思路主要分为两步：纤维的机械筛分处理和后续的碱抽提纯化处理(冷碱抽提处理和热碱抽提处理)。本过程可以用来增加铁杉酸性亚硫酸盐纸浆纤维素纤维中半纤维素组分的去除效果。首先机械筛分铁杉酸性亚硫酸盐纸浆纤维素纤维，可以得到具有不同特征(形态和化学含量)的不同纤维级分(长纤维级分和短纤维级分)；接着分别采用两种碱抽提纯化方式处理长纤维级分和短纤维级分；最终可以生产两种不同等级的纤维素产品：①长纤维级分有较低的半纤维素组分含量，可以用于生产高等级的纤维素产品，如醋酸纤维；②短纤维级分有较高的半纤维素组分含量，可以用于生产常规的纤维素产品，如黏胶纤维。

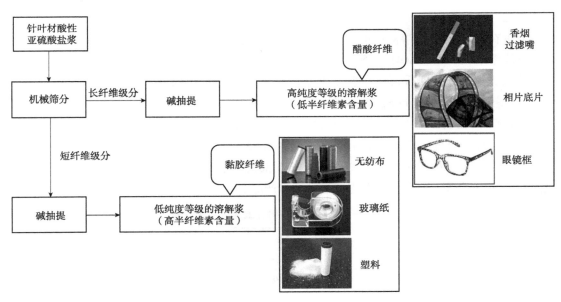

图 4-1 机械筛分强化冷碱抽提纯化效果的设计思路

4.1.2.2 纤维素纤维的级分比例和化学成分

纤维素纤维机械筛分能够得到不同的纤维级分，它们具有不用的组成比例和不同的化学成分。图 4-2 为纤维素纤维机械筛分处理后长纤维级分和短纤维级分所占的比例。从

图 4-2 中可以看出，长纤维级分（截留在 30 目筛板上的纤维组分）占据纤维素纤维总量的 75%，而短纤维级分（通过 30 目筛板的纤维组分）仅仅占有 25% 的比例。Mansfield 等也发现未漂的冷杉硫酸盐浆中有 76% 的纤维素纤维组分可以截留在 28 目的筛板上。铁杉作为一种针叶材，其主要的纤维细胞为管胞和薄壁细胞。管胞具有长且粗的纤维细胞壁，而且细胞直径也相对较大，是铁杉纤维的主要组成；其余的纤维细胞主要为短且细的薄壁细胞。因此，可以认为长纤维级分主要由管胞组成，而短纤维级分主要为薄壁细胞和纤维碎片。

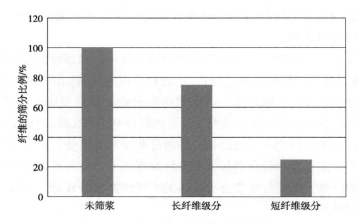

图 4-2　纤维素纤维中不同纤维级分的含量

溶解在 18% NaOH 溶液中的碳水化合物（S_{18}）为半纤维素组分，溶解在 10% NaOH 溶液而不能溶解在 18% NaOH 溶液中的碳水化合物（$S_{10}-S_{18}$）是短链纤维素组分。表 4-1 为纤维素纤维机械筛分处理后长纤维级分和短纤维级分中半纤维素组分（S_{18}）、α-纤维素组分（$R_{17.5}$）和短链纤维素组分（$S_{10}-S_{18}$）的含量。从表 4-1 中可以看出，长纤维级分中半纤维素组分含量低于短纤维级分，它们分别是 9.59% 和 11.65%；而长纤维级分中 α-纤维素组分含量高于短纤维级分，它们分别是 91.08% 和 88.53%。同时，长纤维级分和短纤维级分中短链纤维素组分含量分别是 1.29% 和 1.64%。总之，长纤维级分中 α-纤维素组分的纯度较高，因此更适用于生产高等级的纤维素纤维产品。

表 4-1　纤维素纤维中不同纤维级分的化学成分　　　　　　　　　　　单位：%

纤维级分	S_{18}	S_{10}	$S_{10}-S_{18}$	$R_{17.5}$
未筛浆	10.32	11.68	1.36	89.99
长纤维级分	9.59	10.88	1.29	91.08
短纤维级分	11.65	13.29	1.64	88.53

Bäckström 和 Brännvall 研究发现，相比于长纤维级分，针叶材硫酸盐浆中细小组分含有较高含量的木糖组分、木质素组分和金属离子。此外，根据 Mansfield 等的研究，冷杉硫酸盐浆中短纤维级分也含有较多的半纤维素组分，以及酸不溶和酸溶木质素组分。对于针叶材（铁杉）而言，管胞具有平均 2.0~4.0 mm 的纤维长度，较高的纤维素组分含量和较

低的甘露糖组分含量；薄壁细胞的纤维长度在 0.10~0.25 mm，含有较低的纤维素组分和较高的甘露糖组分含量。Hoffmann 和 Timell 的研究结果显示，红松纤维中管胞的纤维素组分含量明显高于薄壁细胞(管胞的 42%和薄壁细胞的 35%)，而木质素组分含量偏低(管胞的 28%和薄壁细胞的 40%)。Perilä 研究云杉纤维也指出，其管胞中半纤维素组分含量为17.8%，而薄壁细胞中半纤维素组分的含量却高达 30.3%。

4.1.2.3 纤维素纤维的形态

经过机械筛分处理，纤维素纤维的不同纤维级分具有不同的纤维表面形态。表 4-2 为不同纤维级分的比表面积和平均孔隙直径。从表 4-2 中，长纤维级分具有比短纤维级分更小的比表面积，它们分别为 2.21 m^2/和 3.23 m^2/g。但是，长纤维级分的孔隙直径远远高于短纤维级分，它们分别是 6.96 nm 和 3.16 nm。比表面积和孔隙尺寸可能会对碱抽提处理过程中半纤维素组分从铁杉酸性亚硫酸盐纸浆纤维素纤维中的溶出有直接影响，这部分内容将在后续小节中讨论。

表 4-2 纤维素纤维中不同纤维级分的比表面积和孔隙直径

纤维素纤维的级分	比表面积/(m^2/g)	孔隙直径/nm
未筛浆	2.52	6.09
长纤维级分	2.21	6.96
短纤维级分	3.23	3.16

不同的纤维级分也具有不同的纤维表面形态。图 4-3 为长纤维级分和短纤维级分的 TEM 图像。长纤维级分有较薄的纤维细胞壁外层，而短纤维级分的纤维细胞壁外层明显较厚。从图 4-3 中也可以看出，长纤维级分有较高的柔韧性，纤维表面凹凸不平，同时，纤维表面具有较多且直径较大的孔隙，并且这些孔隙能够延伸到纤维细胞壁的内部结构中。

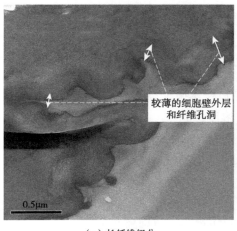
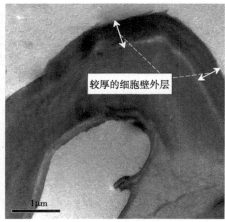

(a) 长纤维级分　　(b) 短纤维级分

图 4-3 纤维素纤维中不同纤维级分的 TEM 图像

然而，短纤维级分的纤维细胞壁外层较厚，像一层城墙严密的保护在细胞壁周围，并且其纤维表面也没有明显的纤维孔隙，纤维的整体结构都相对致密。

有研究报道，短纤维级分的比表面积大于长纤维级分。Tian 等指出机械磨浆处理可以增加阔叶材硫酸盐纤维素纤维的比表面积，其原因是机械磨浆处理可以产生更多的细小纤维。Thode 等也发现针叶材纤维的平均孔隙直径在 4 nm 左右。Maloney 和 Paulapuro 利用水银孔隙仪检测未漂针叶材硫酸盐浆的孔隙分布情况，结果表明细小组分含有更多的微孔，最终导致较大的纤维浸润点。

4.1.2.4 半纤维素组分的溶出效率

在冷碱抽提纯化和热碱抽提纯化处理过程中，纤维的机械筛分可以影响纤维素纤维中半纤维素组分的溶出效率。表 4-3 为不同纤维级分在冷碱抽提处理过程中碳水化合物含量的变化情况。相比于表 4-1 的结果，冷碱抽提处理可以明显降低 3 种纤维级分的半纤维素组分含量，这也证明冷碱抽提处理是一种非常有效去除半纤维素组分的手段。此外，长纤维级分具有更高的半纤维素组分溶出效率，其半纤维素组分含量从最初的 9.59%（表 4-1）下降至冷碱抽提处理后的 2.71%，半纤维素组分的去除程度为 6.88%；而短纤维级分具有相对较少的半纤维素组分去除程度，其半纤维素组分含量从最初的 11.65%（表 4-1）下降至冷碱抽提处理后的 5.93%，仅仅降低 5.72%。因此，经过冷碱抽提处理，相比于未筛浆和短纤维级分，长纤维级分具有最低的半纤维素组分含量和最高的 α-纤维素组分含量。长纤维级分中半纤维素组分含量降低至 2.71%，可以生产醋酸等级的纤维素纤维产品。同时，冷碱抽提处理也溶出纤维级分中短链的纤维素组分，其所有纤维级分中的含量均降低至 1% 以下。总之，冷碱抽提处理可以有效地去除纤维素纤维中的半纤维素组分和短链纤维素组分。

表 4-3　冷碱抽提处理对纤维素纤维中碳水化合物组分含量的影响　　　　　单位:%

纤维级分	S_{18}	S_{10}	$S_{10}-S_{18}$	$R_{17.5}$
未筛浆	3.61	4.49	0.80	95.72
长纤维级分	2.71	3.58	0.87	96.94
短纤维级分	5.93	6.85	0.92	93.44

Gehmayr 等报道冷碱抽提处理可以降低漂白桉木硫酸盐浆中半纤维素组分含量，当处理条件为 100 g/L 的 NaOH，10% 的纸浆纤维浓度，30 ℃、30 min 时，半纤维素组分含量可以从 7.1% 降低至 2.0%。另外一项研究结果也显示，80 g/L NaOH 的冷碱抽提处理（30 ℃、30 min 和 10% 的纸浆纤维浓度）导致铁杉酸性亚硫酸盐纸浆中半纤维素组分含量从 12.4% 下降至 5.5%。

表 4-4 为不同的纤维级分在热碱抽提处理过程中碳水化合物含量的变化情况。结果显示，热碱抽提处理后长纤维级分中半纤维素组分含量也低于未机械筛分级分和短纤维级分，长纤维级分的半纤维素组分含量仅仅为 3.89%，而未机械筛分级分和短纤维级分中半纤维素组分含量分别高达 4.57% 和 6.88%。热碱抽提处理后，纤维级分中短链纤维素组分含量比冷碱抽

提处理的偏高，这主要是由于热碱抽提处理会导致纤维素分子的降解，而冷碱抽提处理却不会产生这样的后果。一项研究结果表明 4 wt%和 8 wt%用碱量的热碱抽提处理可以降低针叶材亚硫酸盐浆中半纤维素组分含量，从 12.4%分别下降至 6.8 %和 5.0%。

表 4-4　热碱抽提处理对纤维素纤维中碳水化合物组分含量的影响　　　　　单位:%

纤维级分	S_{18}	S_{10}	$S_{10}-S_{18}$	$R_{17.5}$
未筛浆	4.57	5.93	1.36	94.86
长纤维级分	3.89	5.24	1.35	95.75
短纤维级分	6.88	8.25	1.37	92.24

图 4-4 和图 4-5 分别为机械筛分对冷碱抽提处理和热碱抽提处理过程中半纤维素组分溶出效率的影响。整体而言，长纤维级分比短纤维级具有更高的半纤维素组分溶出程度，例如在冷碱抽提处理过程中，长纤维级分和短纤维级分的半纤维素组分溶出程度分别为 71.74%和 49.13%（图 4-4），在热碱抽提处理过程中，长纤维级分和短纤维级分的半纤维素组分溶出程度分别为 59.44%和 40.92%（图 4-5）。

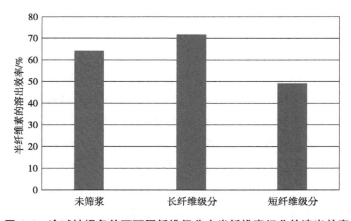

图 4-4　冷碱抽提条件下不同纤维级分中半纤维素组分的溶出效率

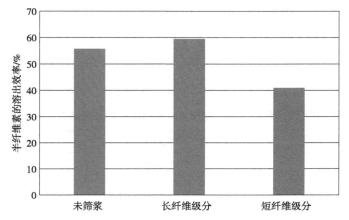

图 4-5　热碱抽提条件下不同纤维级分中半纤维素组分的溶出效率

总之，不论是冷碱抽提处理还是热碱抽提处理，长纤维级分都有比短纤维级分更高的半纤维素组分溶出程度，而且经过碱抽提处理，长纤维级分的半纤维素组分含量远远低于短纤维级分。

薄壁细胞的细胞壁包含较厚的外层（保护层）、较薄的细胞壁中间层和内层；而管胞的细胞壁则由较薄的外层和较厚的内层组成。Kibblewhite 和 Brookes 探讨松木亚硫酸盐浆中化学成分在细胞壁结构中的分布，研究结果表明，作为针叶材的主要半纤维素成分，聚葡萄糖甘露糖组分主要位于细胞壁内层。因此，薄壁细胞中较厚的具有保护作用的外层可能会阻碍半纤维素组分从细胞壁内层中扩散和溶出到细胞壁外部，而这种限制作用在管胞细胞中却不甚明显（较薄的细胞壁外层）。这可以部分支持本部分的研究结果：短纤维级分（薄壁细胞）有较低的半纤维素组分去除效果；长纤维级分（管胞）有较高的半纤维素组分去除效果。

孔隙尺寸可能影响半纤维素组分在碱处理过程中的溶出情况。小孔可以限制半纤维素组分的去除；大孔可以促进半纤维素组分的溶出。在本部分的研究中，长纤维级分的平均孔隙直径为 6.96 nm，远远高于短纤维级分的 3.16 nm（表 4-2）。这可以很好地回应为什么长纤维级分中的半纤维素组分具有更高的去除效果。一项早期的研究证明，细胞壁的多孔结构能够影响木质素大分子从纸浆纤维中的去除程度，而且大孔的纤维比小孔的纤维呈现更好的脱木质素效果。

表 4-5 和表 4-6 为冷碱抽提处理和热碱抽提处理过程中不同纤维级分的半纤维素组分溶出选择性。实验结果表明，不论是冷碱抽提处理过程还是热碱抽提处理过程，长纤维级分都比短纤维级分展现更加优秀的半纤维素组分溶出选择性。冷碱抽提处理过程中，长纤维级分的半纤维素溶出选择性比短纤维级分高 33.09%（分别为 88.28% 和 55.19%，表 4-5）；热碱抽提处理过程中，长纤维级分的半纤维素溶出选择性比短纤维级分高 17.92%（分别为 47.91% 和 29.99%，表 4-6）。

表 4-5　冷碱抽提条件下不同纤维级分中纤维得率和半纤维素组分溶出选择性　　　　单位：%

纤维素纤维级分	纤维得率	半纤维素的溶出选择性
未筛浆	90.62	74.37
长纤维级分	91.96	88.28
短纤维级分	88.38	55.19

表 4-6　热碱抽提条件下不同纤维级分中纤维得率和半纤维素组分溶出选择性　　　　单位：%

纤维素纤维级分	纤维得率	半纤维素的溶出选择性
未筛浆	83.82	45.67
长纤维级分	87.05	47.91
短纤维级分	79.37	29.99

表 4-5 和表 4-6 也展现冷碱抽提处理和热碱抽提处理后不同纤维级分的纤维得率。碱纯化处理造成的纤维得率损失可以归结为：①半纤维素组分的溶解和去除；②纤维素分子的降解以及溶出。冷碱抽提处理和热碱抽提处理后，长纤维级分的纤维得率较高，短纤维级分的纤维得率较低。总之，结合碱抽提处理过程中半纤维素溶出选择性和纤维得率的分析，长纤维级分可以作为更加优良的纤维素纤维原料，能够生产制备高等级的纤维素纤维产品。

另外，从表 4-5 和表 4-6 中也可以看出，冷碱抽提处理比热碱抽提处理具有更高的优势。冷碱抽提处理中纤维级分具有较高的半纤维素溶出选择性和纤维得率，热碱抽提处理中纤维级分具有较低的半纤维素溶出选择性和纤维得率。例如，冷碱抽提处理后长纤维和短纤维级分的纤维得率分别为 91.96% 和 88.38%，而热碱抽提处理后的纤维得率却分别仅仅为 87.05% 和 79.37%。Sixta 的研究也表明，在冷碱溶出半纤维素组分的过程中，α-纤维素组分含量每增加 1%，纸浆得率损失会增加 1.2%~1.5%；在热碱抽提处理中，提高 1% 的 α-纤维素组分含量会导致增加 3% 的纤维得率损失。对于冷碱抽提处理，纸浆纤维的纯化是通过物理润张纤维素纤维和溶解、溶出半纤维素组分而完成的；对于热碱抽提处理，化学反应，尤其是剥皮反应（纤维素和半纤维素糖苷键的断裂）大量地发生，最终导致较高的纤维得率损失。总之，冷碱抽提处理可以比热碱抽提处理更加选择性、更加高效地去除铁杉酸性亚硫酸盐纸浆纤维素纤维中的半纤维素组分。

4.1.3 小 结

通过机械筛分处理，纤维素纤维可以获得 75% 的长纤维级分（截留在 30 目筛板的纤维组分）和 25% 的短纤维级分（通过 30 目筛板的纤维组分）。长纤维级分中半纤维素组分含量比短纤维级分的更低，因此，长纤维级分本身就可以作为生产高纯度纤维素的原料。长纤维级分比短纤维级分具有更加优秀的纤维表面形态特征和超微结构。长纤维级分的平均孔隙直径较大，纤维细胞壁外层较薄，这些特征非常利于半纤维素组分在碱处理过程中的溶解、溶出。经过冷碱抽提处理，长纤维级分的半纤维素组分含量可降低至 2.71%，而短纤维级分的半纤维素含量组分仍然高达 5.93%；经过热碱抽提处理，长纤维级分的半纤维素组分含量也比短纤维级分的偏低，它们分别是 3.89% 和 6.88%。同时，在碱处理溶出半纤维素组分的过程中，长纤维级分可以获得较高的半纤维素组分溶出效率、优良的半纤维素组分溶出选择性和较低的得率损失。冷碱抽提处理比热碱抽提处理更加利于溶出纤维素纤维中的半纤维素组分。冷碱抽提处理也展现较高的半纤维素溶出效率和半纤维素溶出选择性，处理后纤维中的半纤维素组分含量更低，α-纤维素组分含量更高。同时，冷碱抽提处理对纤维素分子的破坏作用较小，纤维素纤维得率较高。耦合机械筛分和碱处理是一种可以明显降低纤维素纤维中半纤维素组分含量、提高 α-纤维素组分含量的处理手段，可以生产高等级的纤维素纤维。

4.2 机械磨浆强化冷碱抽提纯化策略

半纤维素组分含量是衡量溶解浆品质的重要指标，半纤维素组分含量越低，溶解浆的质量等级越高，反之亦然。冷碱抽提处理是去除纤维素纤维中半纤维素组分的有效手段，但它要求较高的碱溶液浓度：8%~10%的 NaOH。然而，高浓度碱溶液（NaOH 浓度≥8%）的冷碱抽提会导致纤维素晶型结构的改变，即纤维素从 I 型结构（天然纤维素）经过纤维素钠最终转变为纤维素的 II 型结构（再生纤维素）。纤维素 II 型具有更加紧致的纤维结构（形成更多的分子间氢键），因此后续的干燥处理会降低纤维素纤维的反应性能。此外，虽然高浓度碱溶液可以高度润胀纤维（有助于半纤维素组分的溶出），但高浓度碱溶液也意味着更多的 NaOH 用量，这不仅会进一步增加冷碱抽提工艺中碱回收的难度，而且也导致投资成本的增加（需要多效洗涤设备）和化学品消耗的提高。所以，降低 NaOH 的浓度/用量已经成为冷碱抽提的研究热点之一。

在冷碱抽提纯化纤维素纤维的过程中，纤维发生高度润胀，纤维结构变得疏松，半纤维素组分可以直接溶出，而纤维素组分得到保留，因此冷碱抽提可以选择性地去除纤维素纤维中的半纤维素组分。但是如果降低冷碱抽提的 NaOH 浓度，将会严重影响半纤维素组分的溶出选择性和效果。前期研究表明，冷碱抽提溶出半纤维素组分的能力高度依赖于纤维素纤维的表面形态和超微结构，而机械处理可以明显改善纤维的表面形态和超微结构。例如，机械磨浆可以提高生物质原料对大分子物质（酶和化学助剂等）的可及度。因此，本部分研究以降低 NaOH 的浓度/用量为基点，以溶出半纤维素组分为最终目的，重点探讨机械磨浆处理对低浓度碱溶液的冷碱抽提溶出纤维素纤维中半纤维素组分的贡献作用。首先，采用立式磨浆机磨浆作为机械手段处理纤维素纤维，分析纤维形态的改善效果，包括孔隙容积、孔隙尺寸、比表面积以及纤维保水值；然后，探讨磨浆对低浓度碱溶液冷碱抽提处理过程中半纤维素去除效果和效率的影响，以及对纤维素纤维反应性能的作用规律；最后，评价磨浆与低浓度碱溶液冷碱抽提处理提高纤维素纤维品质的可行性和应用价值。

4.2.1 实验材料与方法

4.2.1.1 实验材料

铁杉酸性亚硫酸盐纸浆纤维素纤维取自加拿大西部的某厂。洗涤后的浆料，经过 Bauer-McNett 机械筛分仪，截留在 30 目筛板上的纤维作为实验材料。

4.2.1.2 实验方法

机械磨浆处理：采用磨浆机进行机械磨浆处理纤维样品。机械磨浆操作参照标准 T248 sp-08。30 g 绝干的纤维样品以 10%的纸浆纤维浓度，在磨浆机中打浆 10 000 r。

冷碱抽提处理：20 g 绝干的纤维浆样，放在 PE 塑料袋中，加入碱液，并用蒸馏水调节纸浆纤维浓度至10%，碱溶液浓度至4%（CCE[1]）或者8%（CCE[2]），处理温度为25 ℃，处理时间为30 min。反应中每隔10 min揉捏样品一次。反应结束后，样品用去离子水冲洗至中性，并用布氏漏斗收集样品备用。

孔隙容积和直径测定：采用溶质排阻理论检测纤维样品的孔隙容积和孔隙直径。溶质分子包括葡萄糖小分子（α-D-葡萄糖）和一系列的葡聚糖大分子。表4-7为葡萄糖和葡聚糖的相对分子质量与分子直径的对应关系。实验步骤和数据分析参照Stone和Scallan的研究工作。在本部分研究中，定义纤维的总孔隙容积为最大检测分子（直径为56 nm的葡聚糖分子）的不可及孔隙容积，即$V_{inac,56}$。平均孔隙直径则为孔隙容积一半处的孔隙直径，即能够平均分割孔隙容积为大孔和小孔处的孔隙直径。检测分子的可及孔隙容积为$V_{ac,m}$，表征为最大的不可及孔隙容积（$V_{inac,56}$）减去该分子的不可及孔隙容积（$V_{inac,m}$），即

$$V_{ac,m} = V_{inac,56} - V_{inac,m} \tag{4-1}$$

表4-7 葡萄糖和葡聚糖的相对分子质量和分子直径

检测分子	相对分子质量	分子直径/nm
葡聚糖T2000	2 000 000	56
葡聚糖T500	500 000	27
葡聚糖T1390	73 000	12
葡聚糖T40	40 000	9.0
葡聚糖T9260	9300	4.6
葡萄糖	180	0.8

保水值测定：采用实验室离心机检测纤维样品的保水值（water retention value，WRV）。取1 g绝干的纤维样品，浸泡在自来水中12 h，保证纤维可以充足的吸水润胀。过滤该纤维悬乳液到一定的浓度（10%），最后采用实验室用离心机离心过滤，离心力为900×g，离心时间为30 min。

Fock反应性能测定：样品的Fock反应性能基于Tian等的研究成果进行分析检测。准确称取0.5 g绝干的样品，放入带有磨口的250 mL锥形瓶中。用移液管准确加入50 mL的9% NaOH溶液，盖上瓶塞，然后将锥形瓶放入带有恒温水浴的摇床中以250 r/min的速度摇晃10 min，使浆粕预碱化。预碱化完成后，在锥形瓶中加入1.3 mL的CS_2，并迅速将瓶口密封，然后继续在带有恒温水浴的摇床中以250 r/min的速度摇晃至规定时间，完成黄原酸化反应。黄原酸化反应完成后，在锥形瓶中加入去离子水，使锥形瓶中液体的总质量为100 g，并剧烈摇晃，得到均匀的黏胶液。然后用50 mL的塑料离心管盛取黏胶液，放入离心机中以5000 r/min的速度离心黏胶液15 min，使未溶解的纤维完全沉降。准确移取10 mL的上层清液，置入干净的250 mL锥形瓶中，加入3 mL的浓度为20%的H_2SO_4溶液，并摇晃均匀，使溶解的纤维素重新析出，然后在通风橱中继续放置15~20 h，使CS_2完全挥发。在盛有析出纤维素的锥形瓶中加入68%的H_2SO_4溶液20 mL，然后将锥形瓶放入摇床摇晃1 h，使析出的纤维素酸化。然后加入0.17 mol/L的$K_2Cr_2O_7$溶液10 mL，并加热使

其保持轻微沸腾 1 h，使析出的纤维素被 $K_2Cr_2O_7$ 完全氧化。氧化完成后，将锥形瓶中的液体全部移入 100 mL 的容量瓶中，用蒸馏水冲洗锥形瓶并一起转移到容量瓶中，冷却至室温后定容。用移液管从容量瓶中取 40 mL 液体置入干净的 250 mL 锥形瓶，然后加入 10% 的 KI 溶液 5 mL，并迅速用 0.1 mol/L 的 $Na_2S_2O_3$ 溶液滴定，待液体出现黄褐色后加入淀粉指示剂，继续滴定至液体突然转为蓝绿色即为滴定终点，记录 $Na_2S_2O_3$ 溶液消耗的体积。根据相应的公式，即可求得样品的 Fock 反应性能。

4.2.2 结果与讨论

4.2.2.1 机械磨浆强化冷碱抽提纯化纤维素纤维的设计思路

高浓度碱溶液的冷碱抽提可以高度润胀纤维素纤维，最终能够高效溶出半纤维素组分。但是，高浓度碱溶液的冷碱抽提处理会增加生产成本和化学品的消耗量，并且降低纤维素纤维的反应性能。降低碱液的浓度会导致纤维润胀效果的大幅度下降，进而限制冷碱抽提溶出半纤维素组分的能力。纤维素纤维的表面形态和超微结构能够控制碱液渗透扩散到纤维内部结构中的能力，最终也影响冷碱抽提润胀纤维素纤维的效果。本部分研究的基调是机械磨浆处理可以改善纤维素纤维的形态，促进碱液在纤维内部结构中的渗透和扩散，提高低浓度碱溶液的冷碱抽提处理润胀纤维素纤维的效果，最终在低浓度碱溶液的条件下，保证冷碱抽提处理过程中半纤维素组分的溶出效率。

冷碱抽提处理过程中，半纤维素组分的溶出脱除可以分为两步，纤维素纤维在碱溶液中的润胀和半纤维素组分从纤维内部经过细胞壁最终扩散到外部溶液中。由此可以推断，纤维素纤维细胞壁上孔隙的存在及孔隙的大小将会直接影响半纤维素组分的扩散（最终决定半纤维素组分的去除）。以前的研究结果显示，纤维形态和纤维结构能够强烈影响：①非纤维素成分从纸浆纤维中的溶出，如脱木质素；②纤维素对化学品的可及度，如纤维素黄原酸化过程中的 CS_2，或者纤维素酶降解过程中酶的可及度。

机械磨浆处理可以增加纤维素纤维的孔隙尺寸、孔隙容积和比表面积。例如，机械磨浆处理导致纤维素纤维细胞壁的分层和纤维内部氢键的断裂，进而提高纤维细胞壁的孔隙率。Tian 等也发现机械磨浆能够改良纤维的形态和超微结构，具体表现为：①打开并扩大纤维细胞壁上的孔和洞；②摧毁纤维的无定形区；③破坏纤维束的结构；④形成细小纤维。

图 4-6 阐述机械磨浆处理对提高冷碱抽提溶出半纤维素组分的贡献作用。该处理或者可以增加半纤维素组分的去除效果，或者能够在更加温和的处理条件（如低浓度碱溶液）下就可以达到规定的半纤维素组分去除程度。对于传统的冷碱抽提过程（图 4-6 中 B），高浓度碱溶液（8%~10% 的 NaOH）是一个必要条件，因为只有较高的碱溶液浓度条件才会产生良好的纤维润胀，在此基础上才可达到理想的半纤维素组分去除效果。低于最佳碱溶液浓度的冷碱抽提处理会弱化纤维素纤维的润胀，降低纤维暴露的孔隙和孔隙率，进而不利于半纤维素组分从纤维细胞壁结构中的扩散，最终影响半纤维素组分的整个溶出过程。Bui

等研究碱处理对再生纤维素反应性能的影响，结果表明碱处理能够增加纤维细胞壁的孔隙率和纤维对 NaOH 的可及度。

机械磨浆处理能够松散纤维紧密的细胞壁结构，断裂层与层之间的结合，促进纤维的细纤维化程度(图 4-6 中 C)，在此基础上，纤维细胞壁的孔隙容积、孔隙直径以及比表面积都能够有效增加。纤维形态和超微结构的改良，不仅可以直接提高半纤维素组分在后续冷碱抽提处理过程中的去除效率和溶出程度，而且也为后续的冷碱抽提处理润胀纤维提供更加有利的条件(即使 4%的 NaOH 溶液，图 4-6 中 D)。上述行为可以有效提高半纤维素组分从纤维细胞壁内部结构扩散到外部体系中，最终也能够在较低浓度的碱溶液条件下完成冷碱抽提处理去除半纤维素组分的目标(图 4-6 中 D)。

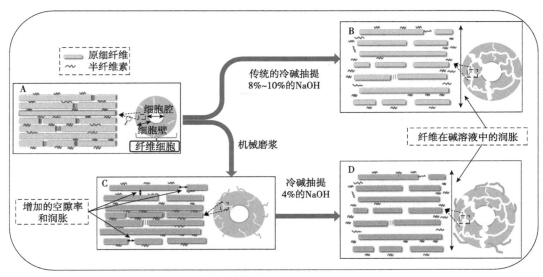

A.初始的纤维素纤维；B.传统高浓度碱溶液冷碱抽提处理（8%~10%的 NaOH）；
C.机械磨浆处理；D.机械磨浆强化低浓度碱溶液冷碱抽提处理。

图 4-6　机械磨浆强化冷碱抽提的纯化机制

4.2.2.2　纤维素纤维的形态特征

机械磨浆处理能够改善纤维的表面形态，影响纤维的孔隙容积和直径。如图 4-7 所示，磨浆处理可以明显地增加纤维所有的可及的孔隙容积(可及的孔隙定义为其直径大于检测分子的孔隙)。这些可及的孔隙包括微孔(直径<10 nm)和大孔(直径>10 nm)。例如，对于直径 4.6 nm 的孔隙，磨浆处理使纤维可及的容积从 0.58 mL/g 上升至 1.07 mL/g；对于直径 12 nm 的孔隙，纤维孔隙容积也提高 186%，从 0.15 mL/g 增加至 0.43 mL/g；这些积极的改善作用应该归因于机械磨浆处理。因为机械磨浆松散纤维素纤维的纤维束，切断纤维层之间的结合，同时也增加纤维的细纤维化程度。

机械磨浆能够改善纤维形态的其他特征，如纤维素纤维的孔隙直径和比表面积。表 4-8 为机械磨浆对纤维素纤维的总孔隙容积、平均孔隙直径、保水值和比表面积的影响。从表 4-8 中可以看出，磨浆处理提高铁杉酸性亚硫酸盐纸浆纤维素纤维的总孔隙容积，从空白

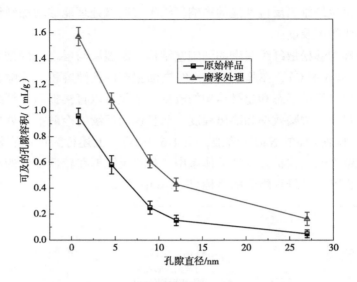

图 4-7　纤维素纤维结构中孔隙的容积

纤维样品的 1.26 mL/g 增加至机械磨浆处理纤维样品的 2.09 mL/g。同时，纤维孔隙的平均直径也得以增加，从 3.85 nm 上升至 4.83 nm。此外，机械磨浆也改善表征纤维润胀能力的保水值以及纤维的比表面积，它们分别为磨浆前空白纤维样品的 1.30 g/g 和 2.21 m²/g，以及机械磨浆后纤维样品的 2.20 g/g 和 2.89 m²/g。机械磨浆改善纤维的形态和超微结构，包括增加孔隙容积、孔隙直径和比表面积，提高纤维的润胀能力。改善的纤维形态能够直接促进后续的冷碱抽提处理，提高半纤维素组分从铁杉酸性亚硫酸盐纸浆纤维素纤维中的溶出效率。

表 4-8　纤维素纤维的微观形态

处理工艺	总孔隙容积/(mL/g)	平均孔隙直径/nm	保水值/(g/g)	比表面积/(m²/g)
原始样品	1.26	3.85	1.30	2.21
磨浆处理	2.09	4.83	2.20	2.89

　　前人的研究已经证明，机械磨浆处理能够改善纤维素纤维的形态（孔隙尺寸、保水值和比表面积等）。Gronquist 等发现 300 min 的粉碎处理，可以明显增加针叶材纤维素纤维的微孔体积（从 0.42 mL/g 上升至 0.47 mL/g）和总孔隙容积（从 0.53 mL/g 增加至 0.82 mL/g）。Hui 等指出 3000 r 的磨浆导致阔叶材硫酸盐浆纤维的保水值提高 30%。另一项研究表明，经过 25 000 r 的磨浆处理，阔叶材硫酸盐纤维素纤维的比表面积增加 22%。

　　机械磨浆可以破坏纤维的无定形区，增加纤维的细纤维化程度，最终导致原有孔隙的扩大和新孔隙的形成。因此，不仅微孔和大孔的孔隙容积增加，而且纤维的孔隙直径也发生明显的提高。机械磨浆处理也能摧毁纤维的结构，导致纤维晶格的错位，增加纤维内部的缝隙，进而提高纤维的保水值。机械磨浆的另外一个功能是可以生成细小纤维，增加纤维的比表面积。

总之，机械磨浆积极影响铁杉酸性亚硫酸盐纸浆纤维素纤维的纤维形态和超微结构，包括增加纤维的孔隙尺寸和容积、提高纤维的比表面积和改善纤维的保水能力。纤维形态的改良可以促进半纤维素组分在纤维细胞壁中的扩散，最终能够增加后续冷碱抽提处理溶出半纤维素组分的能力。

4.2.2.3 半纤维素组分的溶出效率

典型的冷碱抽提处理是在8%~10%的碱溶液浓度条件下完成的，因此降低碱溶液浓度将会提高冷碱抽提处理的竞争力。本部分的研究重点是：维持半纤维素组分的溶出程度不降低，探讨机械磨浆预处理的引入能否降低冷碱抽提处理所需的碱溶液浓度。机械磨浆对后续冷碱抽提处理溶出半纤维素组分的影响如图4-8所示。从图4-8中，高浓度碱溶液的冷碱抽提处理能够高效的溶出纤维样品中的半纤维素组分，样品中半纤维素组分含量直接从9.5%下降至4.6%。但是，降低碱溶液浓度（4%的NaOH）会影响冷碱抽提处理溶出半纤维素组分效果，半纤维素组分含量从空白样品的9.5%轻微下降至处理后样品的7.8%。Sixta利用冷碱抽提处理桉木预水解硫酸盐浆，结果表明，80 g/L的NaOH能够溶出52%的半纤维素组分，当降低NaOH的浓度至40 g/L时，半纤维素组分的溶出程度随之下降到24%（30 ℃，30 min和10%的纸浆纤维浓度）。

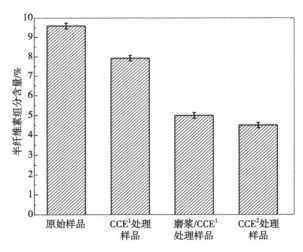

图4-8 纤维素纤维的半纤维素组分含量

(注：CCE^1 为4%的NaOH，CCE^2 为8%的NaOH)

从图4-8中也可以看出，机械磨浆处理能够提高半纤维素组分在后续冷碱抽提处理过程中的溶出程度。即使在较低浓度碱溶液的条件下（4%的NaOH），机械磨浆强化冷碱抽提处理也能够大幅度地降低纤维样品中半纤维素组分含量，此条件下半纤维素组分的溶出效率完全可以匹及高浓度碱溶液的冷碱抽提（8%的NaOH，传统的冷碱抽提处理条件）处理效果：半纤维素组分含量从9.5%分别下降到5%（机械磨浆强化低浓度碱溶液的冷碱抽提处理）和4.6%（高浓度碱溶液的冷碱抽提处理）。由此，机械磨浆处理能够帮助后续的冷碱抽提处理溶出更多的半纤维素组分，最终在低浓度碱溶液的处理条件下仍然能够维持较高的半纤维素组分溶出效率。

机械磨浆能够提高冷碱抽提处理溶出半纤维素组分的能力，因而可以用于生产高等级的纤维素纤维，低浓度碱溶液（4%的 NaOH）冷碱抽提处理的另外一个优点是能够维持纤维素纤维对于化学药品的可及度。高浓度碱溶液的冷碱抽提处理可以引发纤维素 I 型转变为纤维素 II 型，而后者的纤维可及度/反应性能要远远低于前者，这是由于它们具有不同的纤维晶型结构。冷碱抽提处理能够影响铁杉酸性亚硫酸盐纸浆纤维素纤维的反应性能，研究结果如图 4-9 所示。从图 4-9 中，经过机械磨浆和低浓度碱溶液冷碱抽提（4%的 NaOH）的结合处理，纤维样品呈现 43.8%的 Fock 反应性能，远远高于传统的高浓冷碱抽提（8%的 NaOH）处理样品的 27.4%的 Fock 反应性能，同时也高于单独低浓度碱溶液冷碱抽提处理样品的 37.8%的 Fock 反应性能。机械磨浆处理本身可以提高纤维素纤维的 Fock 反应性能，之前研究已经指出机械打浆提高预水解硫酸盐纤维素纤维的 Fock 反应性能。另一方面，Köpcke 等发现 7%的 NaOH 浓度的冷碱抽提处理桉木硫酸盐浆（其他条件：处理时间为 10 min，处理温度为 20 ℃，处理纸浆纤维浓度为 4%），会降低纸浆纤维的反应性能，从 57.5%下降至 39.5%。

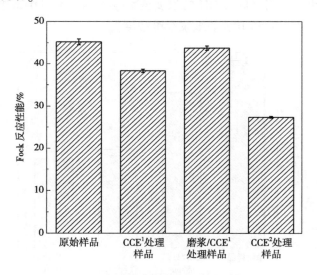

图 4-9 纤维素纤维的 Fock 反应性能

（注：CCE^1 为 4%的 NaOH，CCE^2 为 8%的 NaOH）

总之，机械磨浆处理能够积极贡献于后续的冷碱抽提处理，既能够提高冷碱抽提溶出半纤维素组分的效果，又可以增加冷碱抽提处理后铁杉酸性亚硫酸盐纸浆纤维素纤维的 Fock 反应性能。因此，机械磨浆处理和冷碱抽提处理的结合工艺能够实现工业化生产高纯度和高反应性能的高等级纤维素纤维。

4.2.2.4 半纤维素组分的溶出选择性和纤维得率

机械磨浆对后续冷碱抽提处理过程中半纤维素组分溶出的选择性和纤维得率也产生一定

的影响效果。在冷碱抽提的处理过程中，纤维素纤维得率损失归因于两个原因：①半纤维素组分的溶出；②降解的纤维素组分的溶出(短链的纤维素组分)。从表4-9可以看出，单段冷碱抽提处理比机械磨浆强化冷碱抽提处理具有相对较高的纸浆得率，它们分别是96.5%和94.3%。纸浆得率的差异可能是半纤维素组分溶出量的不同导致，单段冷碱抽提处理后纤维结构中半纤维素组分含量仍高达7.8%，而机械磨浆强化冷碱抽提处理可以降低纤维结构中半纤维素组分含量至5%。同时，相对于单段的冷碱抽提处理，机械磨浆强化冷碱抽提处理表现出更高的半纤维素组分溶出选择性，分别是56.3%和84.6%。这表明磨浆加强的冷碱抽提处理能够溶出更多的半纤维素组分，同时也更好地保护和保留纤维素组分。

表4-9 纤维素纤维得率和半纤维素溶出选择性　　　　　　　　　　　单位:%

处理工艺	纤维得率	半纤维素溶出选择性
CCE[1]	96.5	56.3
磨浆/CCE[1]	94.3	84.6

注：CCE[1] 表示4%的 NaOH。

纤维素纤维的孔隙尺寸可以强烈影响化学组分从细胞壁内部扩散到细胞壁外部。这种现象在纤维素纤维原料的制浆和漂白过程中尤为明显。因此，降低木质素组分/半纤维素组分的颗粒尺寸，或者增加纤维细胞壁中的孔隙尺寸，能够帮助降解的木质素组分/半纤维素组分从细胞壁内部扩散到外界环境中。Kerr 和 Goring 发现白桦硫酸盐浆中木质素组分的溶出有局部化的效果，并进一步指出大孔隙对于木质素组分的整体溶出有更重要的贡献。

机械磨浆处理可增加纤维的总孔隙容积(从1.26 mL/g 到 2.09 mL/g)，扩大纤维的平均孔隙直径(从3.85 mm 到 4.83 nm)，提高纤维的保水值(从1.30 g/g 到 2.20 g/g)，而这些纤维形态的改变都可以帮助半纤维素组分在后续冷碱抽提处理过程中的溶出。同时，机械磨浆也改善纤维素纤维的比表面积，并可以进一步提升冷碱抽提处理溶出半纤维素组分的效率和效果。

4.2.3 小　结

机械磨浆能够改善纤维素纤维的表面形态，增加纤维的孔隙容积和直径，提高纤维的保水值和比表面积，这些积极的改良直接提升半纤维素组分在后续冷碱抽提处理过程中的溶出效率和效果。机械磨浆的处理增加半纤维素组分在后续冷碱抽提纯化过程中的溶出程度，即使利用较低浓度的碱溶液(4%的 NaOH)也能够达到单段高浓的冷碱抽提处理(8%的 NaOH)溶出半纤维素组分的效果。机械磨浆和冷碱抽提的结合工艺既兼顾半纤维素组分的溶出，又可以降低冷碱抽提处理过程中 NaOH 的浓度，同时还能够提高纤维素纤维的 Fock 反应性能。机械磨浆和冷碱抽提的结合处理是一种有效的、切实可行的生产工艺，可以制备高纯度和高反应性能的高品质纤维素纤维。

5 耦合纤维素酶处理的冷碱抽提纯化技术

冷碱抽提是脱除半纤维素组分,提高纤维素纤维纯度的高效处理手段。其处理效率和效果受到多方面因素的影响和控制。例如,纤维的形态能够影响碱液的渗透和半纤维素组分的溶解和转移;纤维素的结晶结构能够决定碱液的渗透深度和效果;半纤维素组分的摩尔质量和分布也影响碱液溶解半纤维素组分的能力和溶出程度。作为一种绿色生物处理手段,纤维素酶处理多用于提高纤维素纤维的反应性能,因为它可以改善纤维的表面形态和超微结构。纤维表面形态和超微结构的改良能够提升冷碱抽提溶出半纤维素组分的能力。基于此,一方面可以生产高纯度的纤维素纤维,另一方面可以制备高浓度的半纤维素抽提液。本部分研究重点探讨纤维素酶处理对冷碱抽提溶出半纤维素组分的影响:分析纤维素酶处理对纤维素纤维的改善作用,包括化学成分和纤维形态的变化;探究基于纤维素酶处理的纤维改良对后续冷碱抽提处理提高纤维素纤维化学纯度的贡献作用;讨论纤维素酶处理对冷碱抽提液中半纤维素组分含量和浓度的影响。

5.1 实验材料

铁杉酸性亚硫酸盐纸浆纤维素纤维取自加拿大西部的某厂。洗涤后的纸浆,经过水分平衡,在冰箱中保存备用。

5.2 实验方法

纤维素酶处理:取20 g绝干的纤维样品放入PE塑料带中,加蒸馏水分散稀释样品为5%的纤维悬浮液。添加纤维素酶(酶活为400 U/g),酶的用量分别为1×10^{-4} g/g(标记为C_1)、5×10^{-4} g/g(标记为C_2)和10×10^{-4} g/g(标记为C_3)。用柠檬酸的缓冲溶液调节体系的pH值(pH值为5.0)。混合好的样品放到恒温水浴锅中(处理温度为50 ℃),开始反应。

为保证纤维素酶能够均匀分散到纤维素纤维中,纤维素酶首先添加到缓冲溶液再加人纤维素样品中,并且每 30 min 用手均匀揉捏纤维样品,每次持续 1 min。纤维素酶处理时间为 120 min,处理结束后,样品放置在沸水浴中处理 10 min,以便失活纤维素酶,最后过滤洗涤样品,并收集备用。

冷碱抽提处理:冷碱抽提处理在水浴锅中进行。取 20 g 绝干的样品,放在 PE 塑料袋中,加入碱液,并用蒸馏水调节碱溶液浓度和纸浆纤维浓度分别为 8% 和 10%,处理温度为 25 ℃,处理时间为 30 min。反应中每隔 10 min 揉捏一次样品。反应结束后,样品用蒸馏水冲洗至中性,并用布氏漏斗收集纤维样品备用。

纤维素酶对冷碱抽提处理提升纤维素组分含量的效果用纤维素的纯化效率表示,具体计算公式如下:

$$纯化效率(\%) = \frac{C_0 - C_r}{Y} \tag{5-1}$$

式中,C_0 为冷碱抽提处理前纤维样品中纤维素组分含量(%),C_r 为冷碱抽提处理后纤维样品中纤维素组分含量(%),Y 为纤维素酶用量(g/g,或者无量纲)。

5.3 结果与讨论

5.3.1 纤维素纤维的化学成分

纤维素酶处理可以影响铁杉酸性亚硫酸盐纸浆纤维素纤维中纤维素组分和半纤维素组分含量。图 5-1 为纤维素酶处理后纤维样品中纤维素组分含量的变化。总体而言,纤维素酶处理能够切断纤维素分子的分子链,溶出纤维素组分,最终降低纤维样品中纤维素组分含量,并且随着纤维素酶用量的增加,纤维素组分含量呈逐渐降低的趋势。例如,当纤维素酶的用量为 5×10^{-4} g/g 时,纤维样品中纤维素组分含量从 88.78% 下降至 87.74%;当纤维素酶的用量为 10×10^{-4} g/g 时,纤维样品中纤维素组分含量从 88.78% 下降至 86.96%。另一方面,纤维素酶处理能够提高纤维样品中半纤维素组分含量,这是因为纤维素纤维中纤维素组分的溶出促进半纤维素组分含量的提高。如图 5-2 所示,5×10^{-4} g/g 和 10×10^{-4} g/g 的纤维素酶处理都可以提高纤维样品中半纤维素组分含量,从初始的 11.02% 分别上升至 12.11% 和 12.90%。

纤维素酶处理可以切断纤维素的分子链,降低纤维素的摩尔质量。低摩尔质量的纤维素组分在处理过程中能够溶出,进而降低铁杉酸性亚硫酸盐纸浆纤维素纤维中纤维素组分含量,提高半纤维素组分含量。Miao 等研究纤维素酶处理提高预水解硫酸盐纤维素纤维的反应性能,结果表明,纤维素酶处理能够降低纤维中纤维素组分含量、提高半纤维素组分含量:0.5 U/g 的纤维素酶处理可以使半纤维素组分含量从 3.73% 上升至 4.29%(处理条件是纸浆纤维浓度为 4%,处理温度为 55 ℃,pH 值为 5,处理时间为 120 min)。Rahkamo 等也报道纤维素酶处理能够溶出纸浆纤维中的纤维素组分:0.5 mg/g 的纤维素内切酶处理阔叶材亚硫酸盐纤维素纤维，能够水解0.54%的葡萄糖组分(其他处理条件是纸浆纤维浓度为5%，pH值为5，处理时间为120 min)。

当纤维素酶的用量较低时，纤维素酶处理对纤维样品中碳水化合物组分含量基本没有影响。$1×10^{-4}$ g/g的纤维素酶处理，使纤维中纤维素的含量从88.78%下降到88.65%，相比于$5×10^{-4}$ g/g和$10×10^{-4}$ g/g的纤维素酶用量，其处理效果可以忽略不计。总之，纤维素酶处理能够轻微降低纤维样品中纤维素组分含量，略微增加半纤维素组分含量。

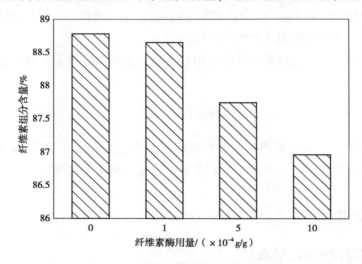

图5-1 纤维素纤维的纤维素组分含量

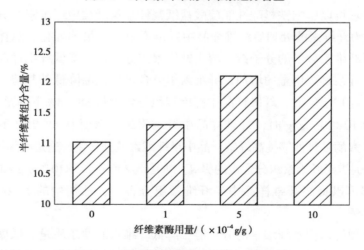

图5-2 纤维素纤维的半纤维素组分含量

5.3.2 纤维素纤维的形态特征

纤维素酶处理也能够影响铁杉酸性亚硫酸盐纸浆纤维素纤维的表面形态和超微结构，对纤维的比表面积和孔隙尺寸都有改进作用。表5-1为经过纤维素酶处理，纤维样品形态的变化。对于空白样品,即没有纤维素酶处理,其孔隙容积和比表面积分别为 4.38×10^{-3} cm^3/g 和 0.299 m^2/g,当采用 1×10^{-4} g/g 的纤维素酶处理时,它们分别提高至 5.93×10^{-3} cm^3/g 和 0.333 m^2/g,进一步增加纤维素酶的用量至 10×10^{-4} g/g,纤维样品的孔隙容积和比表面积分别提升至 10.40×10^{-3} cm^3/g 和 0.616 m^2/g;纤维素酶处理能够积极改善纤维的表面形态,提高纤维的孔隙容积,增加纤维的比表面积。同时,从表5-1中也可以得出,纤维素酶处理也能够提高纤维素纤维的保水值,增加纤维素纤维的润胀能力。

纤维素酶处理在提高纤维样品孔隙容积的同时也进一步增加纤维的孔隙直径。如图5-3所示,纤维样品的孔隙直径从初始的 19.47 nm 增加到 1×10^{-4} g/g 纤维素酶处理后的 51.36 nm,进一步提高纤维素酶的用量至 5×10^{-4} g/g,纤维素纤维的孔隙直径也随之上升至 76.97 nm。然而,当纤维素酶的用量为 10×10^{-4} g/g 时,纤维样品的孔隙直径为 67.85 nm,略低于 5×10^{-4} g/g 纤维素酶用量时的孔隙直径(76.97 nm),这可能是由于过量的纤维素酶处理可能会压溃纤维细胞壁表面的孔隙,反而降低铁杉酸性亚硫酸盐纸浆纤维的孔隙直径,但这仍然远远高于纤维样品的初始孔隙直径。

表5-1 纤维素纤维的形态和结构

纤维素酶用量/($\times 10^{-4}$ g/g)	孔隙容积/($\times 10^{-3}$ cm^3/g)	比表面积/(m^2/g)	保水值/(g/g)
0	4.38	0.299	1.61
1	5.93	0.333	1.65
5	9.18	0.477	1.82
10	10.40	0.616	2.07

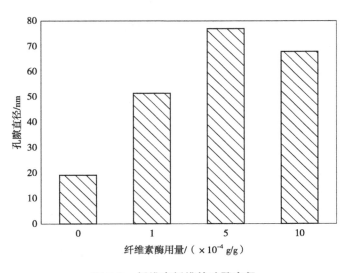

图5-3 纤维素纤维的孔隙直径

当纤维素酶与纤维素纤维接触时,纤维素酶首先作用在比较粗糙的纤维表面,并进一步"叮咬"这些纤维表面,增加纤维的孔隙直径和容积。同时,纤维素酶也能够容易地破坏纤维素的无定形区,切断纤维分子链,摧毁纤维素分子链之间的连接,提高纤维素内部的空隙，增加铁杉酸性亚硫酸盐纸浆纤维素纤维的保水值。Duan 等总结纤维素酶处理对纤维的作用方式：①剥皮/叮咬纤维的粗糙表面，破坏纤维细胞壁的表层结构，改善纤维形态；②攻击纤维素的无定形区，提高纤维的润胀能力和细纤维化程度。

有研究已报道，纤维素酶处理能够积极改善纤维的表面形态。Miao 等采用纤维素酶处理阔叶材预水解硫酸盐浆，发现经过 0.5 U/g 的纤维素酶处理 120 min（处理纸浆纤维浓度为 4%，处理时间为 55 ℃，pH 值为 5），纤维的孔隙容积从 4.79×10^{-3} cm^3/g 增加至 6.74×10^{-3} cm^3/g，其大约上升 40%。Gisela 等也报道纤维素酶处理能够积极改善纤维素球的表面形态，当处理条件为 1000 U/g 的纤维素酶，处理温度为 37 ℃，pH 值为 5，处理时间为 180 min 时，纤维素球的比表面积从 7 m^2/g 增加至 26 m^2/g，孔隙率从 3.44% 上升至 14.40%，孔隙容积从 0.04 cm^3/g 提高至 0.17 cm^3/g，保水值也从 1.29 g/g 扩大为 1.48 g/g。

总之，纤维素酶可以优化铁杉酸性亚硫酸盐纸浆纤维素纤维的表面形态，提升纤维的孔隙容积和孔隙直径，增加纤维的比表面积，提高纤维的保水值，这些改善将会极大地提升后续冷碱抽提处理溶出半纤维素组分的能力。

5.3.3 半纤维素组分的溶出效率

冷碱抽提处理能够溶出纤维中的半纤维素组分，是一种较为有效地去除半纤维素组分的手段。表 5-2 显示了纤维素酶处理对冷碱抽提溶出半纤维素组分的影响。从表 5-2 可以看出，对于空白的冷碱抽提（没有纤维素酶预处理），碱抽提液中半纤维素组分浓度为 7.40 g/L，当纤维素酶作为预处理手段时，冷碱抽提溶出半纤维素组分的能力明显提高。例如，5×10^{-4} g/g 的纤维素酶预处理可以提高冷碱抽提液中半纤维素组分的浓度至 9.90 g/L；进一步增加纤维素酶的处理量为 10×10^{-4} g/g 时，冷碱抽提处理后纯化液中半纤维素组分的浓度可高达 11.15 g/L。纤维素酶预处理能够提高冷碱抽提溶出半纤维素组分的能力，提升抽提液中半纤维素组分含量和浓度。

表 5-2　半纤维素组分的溶出选择性和浓度

处理工艺	半纤维素浓度/(g/L)	半纤维素的溶出选择性/%
CCE	7.40	62.01
(C_1)CCE	7.53	65.88
(C_2)CCE	9.90	75.02
(C_3)CCE	11.15	76.42

注：C_1 表示 1×10^{-4} g/g 纤维素酶用量；C_2 表示 5×10^{-4} g/g 纤维素酶用量；C_3 表示 10×10^{-4} g/g 纤维素酶用量。

从表 5-2 还可以看出，纤维素酶处理也提高后续冷碱抽提过程中半纤维素组分溶出的选择性，即相对于溶出的纤维素组分，溶出的半纤维素组分占有更多的比例。空白冷碱抽提中半纤维素组分溶出的选择性仅仅为 62.01%，可以推算出溶出的纤维素组分高达溶出物质的 40% 左右，1×10^{-4} g/g 的纤维素酶处理可以提高半纤维素组分溶出的选择性至 65.88%，5×10^{-4} g/g 的纤维素酶处理则导致后续冷碱抽提处理中半纤维素组分溶出的选择性为75.02%，溶出的半纤维素组分比例远远高于空白的冷碱抽提处理（62.01%）。

冷碱抽提液中含有较高的半纤维素组分含量，而且基本不含非碳水化合物组分（如木质素和抽出物等杂质），可以回收和利用，其研究和利用价值也明显高于预水解硫酸盐纸浆生产过程中的预水解液和蒸煮废液（包含木质素组分和抽出物组分）。同时，冷碱抽提处理不会对半纤维素组分造成降解；预水解和蒸煮处理明显降低半纤维素组分的摩尔质量，导致糠醛和乙酸等小分子物质的生成，增加回收利用的难度。Liu等采用酸化的方式沉淀分离预水解液中的木质素组分，然后加入乙醇分离剩余的半纤维素组分。Fatehi等利用活性炭吸附手段去除预水解液中的木质素组分，然后采用离子交换树脂分离剩余的醋酸，最后借助于膜过滤回收水解液中的半纤维素组分。因此，有理由相信回收预水解液中半纤维素组分的技术也能够回收冷碱抽提液中的半纤维素组分。

之前的研究已经发现，冷碱抽提溶出半纤维素组分的过程主要分为两个阶段：①碱液在纤维细胞壁结构中的扩散以及润胀纤维细胞；②半纤维素组分在体系中的扩散（从纤维细胞壁内部到外部溶液中）。纤维的形态和结构既能强烈地影响碱液在纤维细胞壁中的渗透，又能够控制半纤维素组分从纤维细胞壁内部扩散到外部体系，最终决定冷碱抽提纯化纤维素纤维的效果和能力。所以，纤维细胞壁的孔隙和纤维的比表面积（纤维的表面形态和超微结构）对冷碱抽提溶出纤维素纤维中的半纤维素组分存在着至关重要的影响作用。

纤维素酶处理可以提高冷碱抽提纯化纤维素组分的能力，能够实现较高的纤维素纯度。这样的结果主要归因于纤维素酶的处理作用。纤维素酶处理能够松散紧密的纤维细胞壁结构，断裂层与层之间的结合，同时也能够破坏纤维素的无定形区，切断纤维素分子的分子链，摧毁纤维素分子链之间的链接，提高纤维内部的空隙，因此，纤维细胞壁的孔隙容积、孔隙直径以及比表面积和纤维细胞的润胀能力都得到有效增加。例如，5×10^{-4} g/g 的纤维素酶处理，使纤维细胞的孔隙容积从 4.38×10^{-3} cm^3/g 增加至 9.18×10^{-3} cm^3/g，纤维细胞的比表面积从 0.299 m^2/g 提高至 0.477 m^2/g，纤维的孔隙直径从 19.47 nm 上升至 76.97 nm，保水值从 1.16 g/g 增加至 1.82 g/g。这些改良和优化的纤维形态和结构最终提升半纤维素组分在后续冷碱抽提过程中的溶出效率。Li等利用机械处理提高针叶材酸性亚硫酸盐纤维素纤维的半纤维素组分在碱液中的溶出，研究结果指出，机械处理可以改善纸浆纤维的形态，这对后续冷碱抽提处理溶出半纤维素组分具有积极的贡献作用，10 000 r 的磨浆处理提高纤维的比表面积和孔隙直径，它们分别从 2.21 m^2/g 和 3.85 nm 增加至 2.89 m^2/g 和 4.83 nm，这也明显提高 4% NaOH 溶出半纤维素组分的能力，最终纤维素纤维中半纤维素组分的溶出量从 1.7% 提高至 4.5%。Kerr和Goring也发现白桦硫酸盐浆中木质素组分的溶出有局部化学的效果，并进一步指出较大的纤维表面孔隙对于木质素组分的整体脱除有更重要的贡献。

总之，纤维素酶处理能够积极改善纤维素纤维的形态，增加纤维的孔隙容积和直径，提高纤维的保水值和比表面积，最终增强后续冷碱抽提溶出半纤维素组分的能力，提高碱抽提液中半纤维素组分含量和浓度，也具有较高的半纤维素溶出选择性。

5.3.4 纤维素纤维的纯度

冷碱抽提处理在去除纤维素纤维中半纤维素组分方面展现独特的自身优势，具有较高的半纤维素溶出效率，因此经过冷碱抽提处理，纤维素纤维中纤维素组分含量有明显提高，纤维素的纯度也大幅度增加。从表5-3中，冷碱抽提处理可以溶出半纤维素组分，使纤维样品的纤维素组分含量从88.78%上升至95.04%。

表5-3 纤维素纤维的纤维素纯度

处理工艺	纤维素含量/%	纯化效率/%
CCE	95.04	—
(C_1)CCE	95.07	636
(C_2)CCE	96.39	169
(C_3)CCE	97.29	103

注：C_1表示1×10^{-4} g/g纤维素酶用量；C_2表示5×10^{-4} g/g纤维素酶用量；C_3表示10×10^{-4} g/g纤维素酶用量。

从表5-3也可以看出，纤维素酶处理能够影响冷碱抽提处理提高纤维素纯度的能力。虽然纤维素酶本身能够轻微地降低纤维素组分含量，但是它对后续的冷碱抽提处理有明显的促进作用，可以制备更高纯度的纤维素纤维。例如，当纤维素酶用量为5×10^{-4} g/g时，纤维素酶处理轻微降低纤维素组分含量至87.74%（初始的纤维素组分含量为88.78%），后续冷碱抽提处理可以提高纤维素组分含量至96.39%；当纤维素酶用量为10×10^{-4} g/g时，纤维素酶处理使纤维中纤维素组分含量下降至86.96%，但最终冷碱抽提处理，纤维素纤维中纤维素组分含量高达97.29%。这都高于单段冷碱抽提纯化后纤维样品中95.04%的纤维素组分含量（没有纤维素酶处理的冷碱抽提）。由此可见，纤维素酶处理能够积极贡献于后续的冷碱抽提处理，提升冷碱抽提处理的效果，提高铁杉酸性亚硫酸盐纸浆纤维素纤维的纤维素组分纯度。

表5-3也清楚显示纤维素酶的用量对冷碱抽提纯化效率的影响。从表5-3中，当纤维素酶的用量为1×10^{-4} g/g时，冷碱抽提的纯化效率为636%；提高纤维素酶的用量为5×10^{-4} g/g时，冷碱抽提的纯化效率下降至169%；进一步增加纤维素酶的用量为10×10^{-4} g/g时，纯化效率也随之进一步降低至103%。提高纤维素酶的用量会消极影响冷碱抽提纯化纤维中纤维素组分的效率。

此外，纤维素酶处理也降低冷碱抽提处理纤维样品的纤维得率，增加得率损失，而且纤维素酶用量越高，冷碱抽提处理纤维得率越低。纤维素酶用量分别为0（空白处理）、1×10^{-4} g/g、5×10^{-4} g/g和10×10^{-4} g/g时，冷碱抽提处理阶段，纤维素纤维得率分别为89.44%、89.15%、89.75%和86.07%（图5-4），即增加纤维素酶用量会降低冷碱抽提处理过程中的纤维得率。纤维素酶处理改善纤维素纤维的结构和形态，进而提高冷碱抽提纯化的作用效果，增强冷碱抽提过程中半纤维素组分的溶出能力，提高冷碱抽提纯化纤维素组分的效果，最终得到更高纤维素纯度的纤维素纤维。

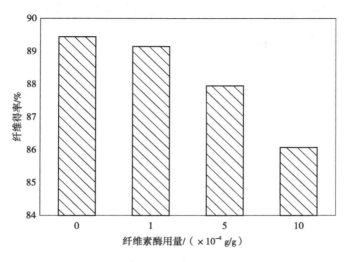

图 5-4 纤维素纤维得率

5.4 小　结

　　纤维素酶处理能够改变纤维素纤维的化学成分，轻微地降低纤维素组分含量而提高半纤维素组分含量。纤维素酶处理也可以明显改善纤维素纤维的表面形态，提高纤维的孔隙容积和直径，增加纤维的保水值，增大纤维的比表面积。5×10^{-4} g/g 的纤维素酶处理，可使纤维的孔隙容积和直径分别从 4.38×10^{-3} cm^3/g 和 19.47 nm 增加至 9.18×10^{-3} cm^3/g 和 76.97 nm，纤维的比表面积和保水值也从 0.299 m^2/g 和 1.61 g/g 上升至 0.477 m^2/g 和 1.82 g/g。纤维素酶处理提高后续冷碱抽提溶出半纤维素组分的能力，增加半纤维素组分溶出的选择性，提高抽提液中半纤维素组分的浓度；同时，也大幅度提升纤维中纤维素组分含量和纯度。但是，随着纤维素酶用量的增加，纤维素酶耦合冷碱抽提处理纯化纤维素组分的效率呈降低趋势。纤维素酶和冷碱抽提的结合处理工艺不仅能够提高纤维素组分含量，生产高纯度和高等级的纤维素纤维，而且获得较高浓度的半纤维素抽提液，可以进一步回收利用半纤维素组分，实现生物质精炼一体化的基本目标。

6 耦合微波辐射处理的碱抽提纯化技术

植物纤维原料主要包含纤维素组分、半纤维素组分和木质素组分，因此植物纤维原料全组分的综合开发利用是其高效利用的必经途径。植物纤维原料中纤维素组分、半纤维素组分和木质素组分在含量、分子结构和理化性质等方面呈现较大的差异，因此需要对植物纤维原料的主要组分进行有效分离，以便获得高纯度的化学成分，进而实现植物纤维原料全组分的生物质炼制。前人的研究已经证明，微波辐射的引入可以丰富森林生物炼制的深度和广度。例如，微波辐射可以加速和促进热水或碱处理对木片中木聚糖组分的提取量。此外，微波辐射预处理还可以对木质原料进行物理改性，这对纤维素纤维的酶解和糖化产生积极的贡献作用。关于微波辐射处理策略，大部分工作都是针对林木生物质纤维原料进行研究，如木片、稻草和亚麻屑等。这些原料需要经过剧烈的预处理步骤以便去除非碳水化合物成分，然后进行半纤维素组分和纤维素组分的分离。然而，由于半纤维素组分与木质素组分通过化学键紧密结合，因此林木生物质纤维原料的顽抗性严重制约半纤维素的提取效率(从而分离半纤维素和纤维素)。此外，所得处理溶液中还存在杂质或存在非碳水化合物成分，如木质素、树脂等，这也会影响分离的半纤维素的回收。

经过制浆处理获得的纸浆纤维素纤维比林木生物质纤维原料具有更加疏松的纤维结构和更低含量的木质素组分，因此有利于从纸浆纤维素纤维中分离半纤维素组分和纤维素组分。在本工作中，对脱木质素的阔叶材纸浆纤维进行微波辐射和碱抽提处理研究，着重探究微波辐射对碱抽提溶出纸浆纤维中半纤维组分的影响，并分析半纤维素的产率和摩尔质量。

6.1 微波辐射处理强化碱抽提纯化策略

6.1.1 实验材料与方法

6.1.1.1 实验材料

阔叶材硫酸盐纸浆纤维由中国四川省某厂供应。硫酸盐纸浆纤维首先在实验室进行氧脱木质素处理。氧脱木质素操作在 Parr 反应器(美国伊利诺伊州 Parr 仪器公司)中进行,处理条件:纸浆纤维浓度为 12%、NaOH 浓度为 2%、处理时间为 45 min、氧气压力为 0.7 MPa、处理温度为 110 ℃。阔叶材纤维原料的化学成分及含量见表 6-1。

表 6-1　阔叶材纤维原料的化学成分及含量　　　　　　　　　　　　单位:%

化学成分		纸浆纤维
纤维素	葡萄糖	74.5
半纤维素	木糖	22.5
	甘露糖	
	阿拉伯糖	
	半乳糖	
木质素	克拉森木质素	<2
	酸溶木质素	
抽出物	苯-乙醇	<1

6.1.1.2　实验方法

微波辐射强化碱抽提纯化处理:将 10 g 纸浆纤维在微波辐射炉中处理,其他条件为纸浆纤维浓度为 5%、NaOH 浓度为 4%,并在指定温度(50 ℃)下处理 30 min,输入功率为 500 W。首先将阔叶材纸浆纤维、水和 NaOH 倒入带密封盖的三颈聚四氟乙烯反应釜中,然后转移到微波辐射炉中。将热电偶和搅拌棒安装到聚四氟乙烯反应釜中,设定工艺参数,进行微波辐射强化碱抽提处理。处理完成后,过滤纸浆溶液,分离收集提取物和纸浆纤维,用于后续分析。

机械磨浆:采用磨浆机(PFI-MJ01,IMT,中国)对 30 g 的纸浆纤维样品进行机械磨浆预处理,转速为 5000 r/min,纸浆纤维浓度为 10%。

半纤维素和木质素的产量:分离并收集处理后的提取液。提取液中半纤维素和木质素的含量按照前述方法测定。半纤维素产率根据式(6-1)确定:

$$\text{半纤维素产率}(\%) = \frac{H}{P} \times 100\% \tag{6-1}$$

式中,H 是提取液中半纤维素的质量(g);P 是处理过的纸浆/木片样品的质量(g)。

6.1.2　结果与讨论

6.1.2.1　半纤维素组分的溶出效率

图 6-1 是不同处理方法(包括水抽提处理、碱抽提处理和微波辐射强化碱抽提处理)对半纤维素组分溶出得率的影响结果。在水抽提处理过程中,样品中半纤维素组分的去除和分离可以忽略不计。例如,基于水抽提处理,半纤维素组分溶出得率在 50 ℃ 时仅为 0.49%,在 80 ℃ 时仅为 0.61%,两者均小于 1%。与之相对应的是,碱抽提处理(4%的

NaOH)对半纤维素组分的分离效果有显著的积极贡献作用。半纤维素组分溶出得率在50 ℃时为6.50%,在80 ℃时高达7.72%。与水抽提相比,碱抽提处理手段明显增加半纤维素组分的溶出效率,因此其溶出得率也相应提高,这主要是因为碱溶液可以有效润胀纤维,从而促进纤维素纤维结构中半纤维素组分的溶出。Li等人和Duan等人的研究表明,由于优异的润胀能力,碱抽提处理比水抽提处理可以更多地去除针叶材和阔叶材纤维中的半纤维素组分。Borrega等人也指出碱处理是降低纸浆纤维中半纤维素组分含量的有效方法,可以生产高纯度的纤维素纤维。此外,提高处理温度也可以适当增加半纤维素组分溶出得率。该结果在水抽提处理过程和碱抽提处理过程中均得到有效证明。例如,在水抽提处理条件下,50 ℃时半纤维素组分溶出得率仅为0.49%,提升温度至80 ℃时,半纤维素组分溶出得率增加至0.61%;在碱抽提处理条件下,50 ℃时候导致6.50%的半纤维素组分溶出得率,80 ℃可以获得7.22%的半纤维素组分溶出得率。

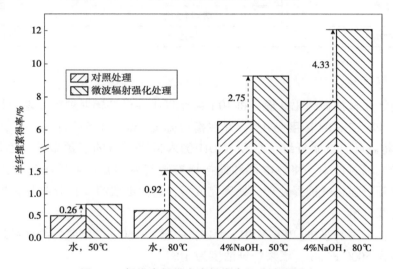

图6-1 纤维素纤维中半纤维素组分溶出得率

引入微波辐射处理可以进一步提升半纤维素与纤维素组分的分离效果。水抽提处理过程中的微波辐射处理促进半纤维素组分溶出得率的增加,处理温度为50 ℃和80 ℃时,半纤维素组分溶出得率分别为从没有微波辐射的0.49%和0.61%增加至微波辐射的0.75%和1.53%。微波辐射对半纤维素组分的去除和分离作用效果在碱抽提处理过程中得到进一步证明。在50 ℃的碱抽提处理条件下,半纤维素组分溶出得率为9.25%,比单独碱抽提处理提高2.75%;在80 ℃条件下,微波辐射强化碱抽提处理实现12.05%的半纤维素组分溶出得率,比单独的碱抽提处理提高4.33%(溶出得率为7.72%)。

微波辐射通过极化极性溶剂,可以实现极性溶剂分子的快速运动,从而诱发溶剂温度的快速提升。在该处理体系中,水分子作为极性溶剂,可以有效吸收微波辐射,并诱发高频的旋转行为。剧烈振荡的水分子可以有效撞击纤维素纤维,从分子水平破坏纤维素纤维的结构。微波辐射为非接触式作用方式,因此可以诱发体系中所有水分子的快速振动,形成纤维结构中水分子的空间作用模式:纤维素纤维结构中有水分子存在的地方即可以吸收微波辐射，产生高频运动，并强烈作用于纤维素纤维，最终实现纤维素纤维结构的全方位调控。微波辐射对纤维素纤维结构的影响作用已经得到众多研究的证明：该行为可以为化学试剂/组分在纤维素纤维结构中的有效移动建立顺畅的传输通道，最终实现体系中碱溶液在纤维素纤维结构中的渗透和扩散，进一步提升纤维的润胀效果；同时帮助纤维中半纤维素组分的溶出和分离，并迁移到外部体系中。因此，基于微波辐射和碱抽提处理的协同作用，纸浆纤维中的半纤维素组分得到显著去除和分离，半纤维素组分溶出得率也明显提高。

Panthapulakkal 等人的研究已经表明，微波辐射加热可促进桦木原料中木聚糖组分的去除，其木糖组分含量比常规加热处理提高 6.2%（NaOH 浓度为 4%、处理温度为 90 ℃、处理时间为 30 min）。Ma 等人指出微波辐射预处理可以扰乱和破坏纤维的内部结构，能够加速化学成分的去除，最终实现稻草原料酶解糖化效率的大幅度提升：680 W 的微波辐射预处理分别提高 30.6% 和 43.3% 的纤维素组分和半纤维素组分的糖化效率。Hu 等人采用微波辐射处理提高柳枝稷的酶转化效率，结果表明，微波辐射处理可以增加预处理阶段木聚糖的产量，在 190 ℃ 处理 2 h 的条件下，木聚糖含量从 8.10 g/100 g 增加到 11.8 g/100 g。

此外，与温和的处理条件相比（水抽提处理），在强烈的处理条件下（碱抽提处理），微波辐射处理对增加纤维素纤维中半纤维素组分的分离和去除产生更积极的影响，从而呈现出更高的半纤维素组分溶出得率。例如，50 ℃ 的水抽提处理条件下半纤维素组分溶出得率提高 0.26%，80 ℃ 的水抽提处理提高 0.92%，50 ℃ 的碱抽提处理（NaOH 浓度 4%）条件下半纤维素组分溶出得率可以提高 2.75%，80 ℃ 碱抽提处理（NaOH 浓度 4%）条件下半纤维素组分溶出得率可以提高 4.33%。

6.1.2.2 溶出半纤维素的摩尔质量

微波辐射处理不仅可以提高纤维素纤维结构中半纤维素组分溶出得率，而且还可以增加溶出半纤维素组分的摩尔质量（重均摩尔质量和数均摩尔质量）。从表 6-2 可看出，仅进行碱抽提处理时，溶出半纤维素的数均摩尔质量和重均摩尔质量在 50 ℃ 温度条件下分别为 8870 g/mol 和 10 420 g/mol，在 80 ℃ 温度条件下分别为 9260 g/mol 和 11 290 g/mol。微波辐射强化碱抽提处理可以明显提高溶出半纤维素的摩尔质量。例如，50 ℃ 温度处理条件下，溶出半纤维素的数均摩尔质量和重均摩尔质量分别为 10 890 g/mol 和 13 750 g/mol；80 ℃ 温度处理条件下，溶出半纤维素的数均摩尔质量和重均摩尔质量分别增加为 12 460 g/mol 和 16 420 g/mol。

表 6-2 溶出半纤维素的摩尔质量

处理工艺	温度/℃	数均摩尔质量/(g/mol)	重均摩尔质量/(g/mol)	多分散性指数
碱抽提处理	50	8870	10 420	1.17
	80	9260	11 290	1.22
微波辐射强化碱抽提处理	50	10 890	13 750	1.26
	80	12 460	16 420	1.32

与单独的碱抽提处理相比，微波辐射强化碱抽提处理可以增加溶出纤维素分子的重均摩尔质量和数均摩尔质量，这表明具有较高摩尔质量的半纤维素组分在微波辐射强化碱抽提的处理过程中更容易溶出分离，因此组合处理模式不仅导致溶出半纤维素摩尔质量的增加而且提升半纤维素组分溶出得率。Panthapulakkal 等人利用热碱抽提策略提取桦木原料中的木聚糖组分，结果表明，溶出木聚糖的含量从 0.2 g/L 增加到 0.6 g/L，其特性黏度从 0.72 dL/g 上升至 0.86 dL/g(其他条件为 NaOH 浓度 4%，固料比 1：10，处理温度 80 ℃，处理时间 10 min)。对碱抽提分离针叶材亚硫酸盐浆纤维中半纤维素摩尔质量的研究表明，较低摩尔质量的半纤维素组分比较高摩尔质量的半纤维素组分更容易在抽提过程中得到去除分离。

　　微波辐射强化碱抽提处理溶出的半纤维素组分也呈现比单独碱抽提处理更高的半纤维素分子的多分散性指数(PDI)。在 50 ℃ 的碱抽提处理条件下，半纤维素分子的多分散性指数从碱抽提处理的 1.17 增加到微波辐射强化碱抽提处理的 1.26；在 80 ℃ 的碱抽提处理条件下，半纤维素的多分散性指数从单独碱抽提处理的 1.22 增加到微波辐射强化碱抽提处理的 1.32。半纤维素多分散性指数的变化与半纤维素摩尔质量的变化具有很好的一致性，其中引入的微波辐射处理导致半纤维素摩尔质量和多分散性指数的提升，表明微波辐射强化碱抽提处理的策略不仅可以分离低摩尔质量的半纤维素组分(单独的碱抽提处理可以去除的低摩尔质量半纤维素组分)，还可以溶出高摩尔质量的半纤维素组分(单独的碱抽提处理不能够去除的高摩尔质量半纤维素组分)。此外，与单独的碱抽提处理相比，微波辐射强化碱抽提处理所分离半纤维素组分的摩尔质量和多分散性指数有所增加，这与微波辐射导致的半纤维素组分得率的增加相对应。

6.1.2.3　纤维素纤维的纤维素组分含量

　　图 6-2 是不同处理方法对纤维素纤维中纤维素组分含量影响的研究。就纤维素组分含量而言，水抽提处理的贡献作用很小，甚至在 80 ℃ 时纤维素组分含量仅为 75.91%，而原始纤维中纤维素组分含量为 74.50%(表 6-1)。但是，碱抽提处理可以明显提高纤维中纤维素组分含量，50 ℃ 时纤维素组分含量可提高到 81.98%，80 ℃ 时可以进一步提高到 83.32%。

　　由于微波辐射效应，纤维素纤维中的半纤维素组分得到有效溶出，因此纤维素组分含量可以显著增加。该结果不仅适用于水抽提处理过程，而且适用于碱抽提处理过程。例如，在 50 ℃ 的温度下，微波辐射导致水抽提处理的纤维素纤维中纤维素组分含量增加至 76.55%，碱抽提处理的纤维素纤维中纤维素组分含量为 84.91%，而单独处理(没有微波辐射)的纤维中纤维素组分含量为 74.90% 和 81.98%。此外，由于在 80 ℃ 的温度下进行微波辐射强化碱抽提处理，纤维中纤维素组分含量约为 90%，已经满足溶解浆纤维对纤维素含量的要求。

　　综上所述，微波辐射处理可以破坏纤维的致密结构，促进碱溶液渗透到纤维内部结构中，不仅大大促进纤维中半纤维素组分的去除和分离，而且显著提高纤维中纤维素组分含

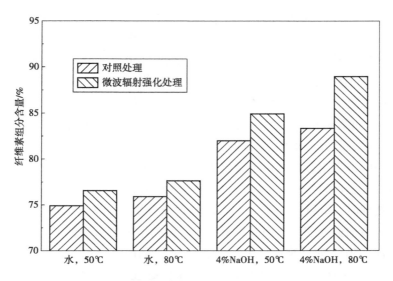

图 6-2　微波辐射提高纤维素纤维中纤维素组分含量

量。因此,微波辐射强化碱抽提处理可以获得较高的半纤维素组分产量,并生产优质的纤维素纤维。

6.1.2.4　机械磨浆预处理提升微波辐射强化碱抽提的作用效果

从图 6-3 可以看出,机械磨浆预处理耦合微波辐射强化碱抽提处理可以进一步提高纤维原料中纤维素组分和半纤维素组分的分离效果,从而诱发半纤维素组分溶出得率的进一步提高。磨浆预处理耦合微波辐射强化碱抽提处理纤维样品的半纤维素组分溶出得率在 50 ℃温度时为 8.45%,在 80 ℃温度时为 10.52%,明显高于未经磨浆预处理的半纤维素组分溶出得率(50 ℃温度时为 6.50%,80 ℃温度时为 7.72%,如图 6-1 所示)。

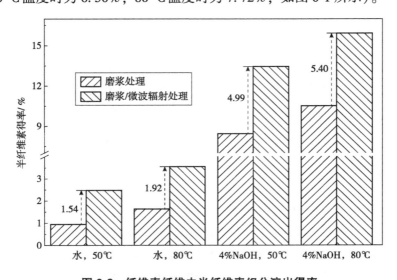

图 6-3　纤维素纤维中半纤维素组分溶出得率

更重要的是，在磨浆预处理的基础上，微波辐射处理对碱抽提处理过程中半纤维素组分的分离呈现出更有利的贡献作用。与对照处理（机械磨浆强化碱处理）相比，微波辐射的引入显著提高半纤维素组分溶出得率，在处理温度为 50 ℃ 和 80 ℃ 时分别提高 4.99% 和 5.40%。此外，经过磨浆预处理，微波辐射强化碱抽提处理比未磨浆预处理对半纤维素组分溶出得率的影响更大（50 ℃ 时前者为 13.44%，后者为 9.25%；80 ℃ 时前者为 15.92%，后者为 12.05%，如图 6-3 和图 6-1 所示）。基于上述结果，由于磨浆预处理，微波辐射强化碱抽提处理可以去除并分离出更多的半纤维素组分。

纤维样品中纤维素组分含量由于微波辐射处理得到有效提升。如图 6-4 所示，在 50 ℃ 和 80 ℃ 的水抽提处理条件下，纤维样品中纤维素组分含量分别为 75.64% 和 76.83%，而采用微波辐射处理时，纤维样品中纤维素组分含量分别增加为 78.58% 和 80.05%。同时，微波辐射处理对碱抽提处理过程中纤维素组分含量的增加也有类似的贡献作用。例如，由于微波辐射处理，50 ℃ 时纤维样品中纤维素组分含量由 84.25% 增加至 88.94%，80 ℃ 时纤维素组分含量由 87.02% 增加至 93.05%。磨浆预处理后进行微波辐射强化碱抽提处理，纤维样品中纤维素组分含量达到 93.05%，已经超过溶解浆对纤维素组分含量的基本要求（90%）。

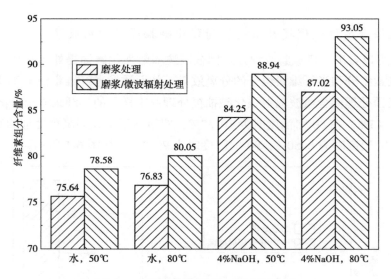

图 6-4　纤维素纤维中纤维素组分含量

6.1.3　小　结

微波辐射强化碱抽提处理是纤维素纤维分离半纤维素组分和纤维素组分的可行且有效的方法。微波辐射不仅显著破坏纤维的致密结构，而且能否促进碱溶液向纤维内部结构中渗透和扩散，这两者都有利于半纤维素组分的去除和分离。微波辐射强化碱抽提处理可以明显提高半纤维素组分的溶出产量并增加纤维中纤维素组分含量。此外，微波辐射处理可以溶出更多具有更高摩尔质量的半纤维素组分。在此基础上，机械磨浆可以进一步促进微波辐射强化碱抽提处理对半纤维素组分和纤维素组分的分离效果。

6.2 微波辐射处理提升纤维素纤维的反应性能

为了实现人类发展的可持续性，生物质资源的充分利用已经成为科学研究和工业应用的重要发展方向。作为自然界中最为丰富的自然资源之一，纤维素具有来源广泛，简单易得，可再生可降解的优点。纤维素的功能化产品也已经在造纸、食品包装、航空航天、生物医疗以及能量储存和电子器件等领域得到广泛应用。

研究表明，天然植物中含有丰富的纤维素，包括结晶态和非结晶态的纤维素。这些纤维素通过微观尺度的分子内氢键和分子间氢键构筑了宏观的纤维素纤维。因此，由纤维素分子组装的纤维素纤维呈现了致密的纤维结构。这种致密结构会限制纤维素分子与其他化学试剂的反应，不仅阻碍了纤维素纤维的化学改性，也降低其解构为微晶纤维素或者纳米纤维素的可能性。因此，纤维素纤维的原始结构会对纤维素的功能化改性和深度利用产生不利影响。

科研工作者已经开发一系列技术用于提升纤维素纤维与化学试剂反应的能力，主要包括纤维素酶处理、机械处理、化学处理以及它们的集成处理技术。Liu等探究了纤维素酶处理对溶解浆反应性能的提升作用。结果表明，1.5 mg/g、2 h的纤维素酶处理可以将溶解浆纤维的反应性能从65%提升到75%。Duan等的研究指出，机械磨浆（3000 r）和纤维素酶（0.4 mg/g用量）的结合处理技术使漂白硫酸盐浆的反应性能从46.7%增加到81.0%。然而上述处理方式总会呈现一定的弊端，如机械处理的高能耗，酶处理的高时耗，化学处理诱发的环境问题等。

为此，本研究设计微波处理策略，解析微波处理对纤维素纤维的微观结构和形貌以及宏观尺寸的影响。同时也探究了纤维素摩尔质量和多分散性在微波处理过程中的变化规律。最终通过简单的微波辐射技术，可以快速提升纤维素的反应性能，并降低纤维素纤维的特性黏度。

6.2.1 实验材料与方法

6.2.1.1 实验材料

针叶材溶解浆纤维素纤维，其纤维素含量为90%。

6.2.1.2 实验方法

微波辐射处理：称取一定量的纤维素纤维充分分散在水溶液中，并调节纤维浓度至5%。采用玻璃烧杯量取100 g纸浆溶液置于微波腔体中（实验室自制），并用玻璃表面皿盖住玻璃烧杯。设置微波辐射的功率为500 W，微波处理时间为0.5 min、1 min、2 min、3 min、5 min和10 min。微波处理结束后，关闭微波开关，待纤维悬浮液冷却后取出备用。

采用 Fock 反应性能表征纤维素纤维的反应能力；根据美国纸浆与造纸工业技术协会（TAPPI）标准（T 230 cm-94）分析纤维素纤维的特性黏度。采用凝胶渗透色谱仪（Water 600E；Waters Ltd.，美国）分析纤维的纤维素摩尔质量。基于 BET 氮吸附法（Bel Japan，Inc.，日本）表征纤维的比表面积和平均孔隙直径。采用纤维质量分析仪（Morfi Compact，Techpap Inc.，法国）检测纤维的长度、宽度和细小组分含量。采用扫描电子显微镜（SEM，JSM 6380，JEOL，日本）观察纤维素纤维的微观结构。样品 α-纤维素含量检测参照 TAPPI 标准（T 203 cm-09）；样品 S_{10} 和 S_{18} 检测参照 TAPPI 标准（T 235 cm-09）。

6.2.2 结果与讨论

6.2.2.1 微波辐射提升纤维素纤维反应性能的设计思路

采用微波辐射处理，通过水分子对纤维的"爆破"作用，实现纤维素纤维反应性能的快速高效升级。在微波辐射场中，极性水分子会随着微波辐射方向的变化而呈现规律运动。水分子的快速运动可诱发分子间的强烈摩擦，进而产生大量热能，并在纤维细胞腔内形成高压。当纤维细胞内的压力超过细胞壁膨胀所承受的压力时，水蒸气分子会炸裂纤维细胞，严重破坏纤维细胞的致密结构。微波处理后，纤维素纤维变得疏松多孔，有利于化学试剂在纤维细胞内部的浸入、渗透和扩散，最终提高纤维素纤维的反应性能（图 6-5）。

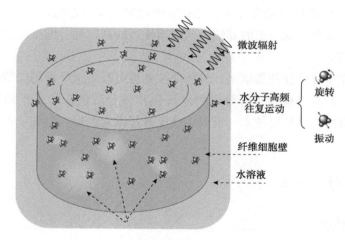

图 6-5 微波辐射改善纤维素纤维反应性能的示意图

6.2.2.2 纤维素纤维的结构和形态

微波辐射可以诱发水分子的极化，水分子发生强烈的旋转和振动，导致水分子对纤维素纤维细胞壁产生摩擦和碰撞。水分子作为"螺旋刀"破坏纤维的结构和形态。微波辐射通过诱发极性水分子的剧烈运动构筑纤维细胞腔内的高压，基于"爆破"效应破坏纤维素纤维的细胞结构和形体。如图 6-6(a) 所示，初始纤维素纤维呈现光滑且完整的表面形态和结构，这种结构会限制纤维素纤维与化学试剂的反应，导致较低的纤维素纤维反应性能。微波处理形成的高压水蒸气可以破坏纤维的致密结构，使纤维表面变得粗糙，甚至引发纤维外层的剥落，产生纤维碎片，如图 6-6(b) 所示。

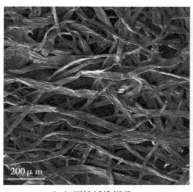 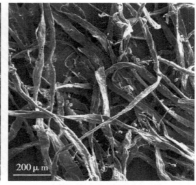

（a）原始纤维样品　　　　　　　（b）微波辐射处理纤维样品

图 6-6　纤维素纤维的表面形态

进一步分析纤维素纤维的微观结构参数。从图 6-6 中可以观察到微波处理能够破坏纤维素纤维的微观结构，改善纤维的表面形貌，因此纤维素纤维的比表面积和孔隙直径都有大幅度提高。表 6-3 中，原始纤维的比表面积和孔隙直径分别为 1.17 m^2/g 和 2.4 nm，微波处理后纤维的比表面积和孔隙直径分别增加到 2.15 m^2/g 和 3.8 nm。纤维素纤维的比表面积和孔隙直径分别提升至初始样品的 1.8 倍和 1.6 倍。纤维素纤维的保水值也从原始纤维的 0.9 g/g 增加到微波纤维的 1.5 g/g。

表 6-3　纤维素纤维的结构特征

样品类型	比表面积/(m^2/g)	孔隙直径/nm	保水值/(g/g)
初始纤维	1.17	2.4	0.9
微波纤维	2.15	3.8	1.5

注：微波辐射处理条件为 5 min、500 W。

微波处理也会影响纤维素纤维的宏观形貌。图 6-7 为微波处理后纤维素纤维的长度、宽度以及细小组分含量的变化。微波处理可以破坏纤维细胞的结构，甚至剥落纤维外层，因此纤维素纤维的长度和宽度都呈现降低的趋势。由图 6-7 可知，微波处理后纤维的长度和宽度分别从 1.55 mm 和 22.5 μm 轻微下降到 1.49 mm 和 20.5 μm。纤维素纤维剥落的表皮组织可以形成细小纤维，因此，微波处理后纤维素纤维细小组分含量有大幅度提高，从初始纤维素纤维的 5.2% 上升到微波处理后的 8.9%。

6.2.2.3　纤维素纤维的摩尔质量和化学成分

纤维形态结构的变化必然伴随着其纤维素摩尔质量的改变。图 6-8 为纤维素摩尔质量的分布曲线图。微波处理后，纤维素的摩尔质量分布朝着低摩尔质量方向迁移。从表 6-4

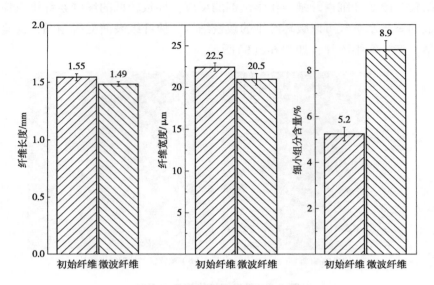

图 6-7　纤维素纤维的形态参数

（注：微波辐射处理条件为 5 min、500 W）

可知，纤维素的数均摩尔质量（M_n）和重均摩尔质量（M_w）分别从 55 870 g/mol 和 339 700 g/mol 下降到 51 330 g/mol 和 272 800 g/mol。纤维素摩尔质量的多分散性指数（PDI）也从初始纤维的 6.08 降低到微波纤维的 5.31。低 PDI 意味着纤维素摩尔质量的分布变窄，纤维素的摩尔质量更加均一，纤维素纤维的性能更加优良。

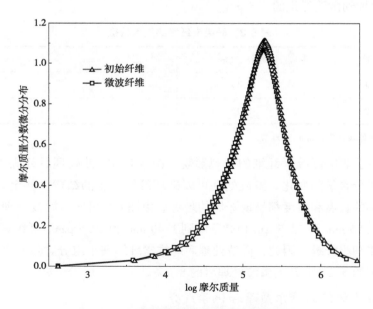

图 6-8　纤维素纤维的摩尔质量分布曲线

（注：微波辐射处理条件为 5 min、500 W）

表 6-4　纤维中纤维素摩尔质量和化学成分

样品类型	M_n/(g/mol)	M_w/(g/mol)	PDI	S_{10}/%	S_{18}/%	$R_{17.5}$/%
初始纤维	55 870	339 700	6.08	12.6	10.1	90.2
微波纤维	51 330	272 800	5.31	13.5	9.9	89.7

注：微波辐射处理条件为 5 min、500 W。

6.2.2.4　纤维素纤维的反应性和黏度

进一步探讨了微波处理时间对纤维素纤维性能的影响。如图 6-9 所示，微波处理可以显著提高纤维素纤维的反应性能。例如，1 min 的微波处理可以将纤维素纤维的反应性能从 53% 提升到 65%；3 min 的微波处理可以获得反应性能为 73% 纤维素纤维。在 5 min 的微波处理后，纤维素纤维的反应性能提高至初始纤维的 1.4 倍（从 53% 到 75%），这表明微波处理是一种快速高效提升纤维素纤维反应性能的方法。纤维素纤维反应性能的提高对纤维素纤维的后续加工处理具有重要意义。

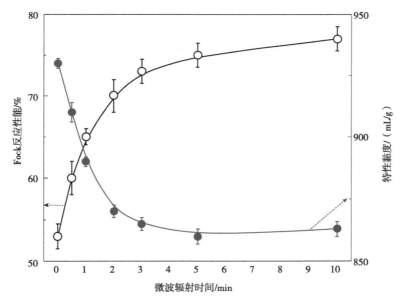

图 6-9　纤维素纤维的反应性能和特性黏度

（注：微波辐射处理条件为 500 W）

微波处理也可以调控纤维素纤维的另一关键指标——特性黏度。如图 6-9 所示，微波处理能够降低纤维素纤维的特性黏度。微波处理 2 min 后，纤维素纤维的特性黏度从 930 mL/g 降低至 870 mL/g；处理 5 min 后，其特性黏度更是下降到 860 mL/g。微波处理对纤维素纤维特性黏度的降低作用反比于其对纤维素纤维反应性能的提高作用，这种作用规律和其他技术的处理效果相似。通过 5 min、500 W 的微波辐射处理可以制备反应性能为 75%，特性黏度为 860 mL/g 的高质量纤维素纤维。

纸浆纤维反应活性的提高主要是由于纤维结构和形态的改变以及纤维素摩尔质量的降

低。微波辐射纤维的粗糙表面和疏松结构有利于化学物质吸附、渗透和扩散到纤维的内部结构中，从而增强纤维素纤维对化学物质的可及性和反应性。Duan 等人研究机械磨浆对纤维素纤维性能的影响，结果表明，高比表面积和保水值支持纤维与化学品的高反应活性。

此外，实验结果表明，微波处理 5 min 即可实现纤维素纤维性能的大幅度提升，之后再继续进行微波处理（延长处理时间至 10 min），其对纤维素纤维性能的改善作用已经非常微弱，此时纤维素纤维的反应性能和特性黏度基本不再发生变化。可能原因是经过微波处理，纤维素纤维细胞壁结构得到有效破坏。在此之后微波辐射产生的水蒸气容易从已经破坏的纤维细胞腔中渗出，不能形成高蒸汽压，难以实现对细胞壁结构的进一步破坏作用，因此纤维素纤维的性能基本不再发生变化。

6.2.3 小　结

采用一种简单快捷手段——微波辐射处理，可以高效提升纤维素纤维的性能。微波辐射能够诱发极性水分子的快速运动，通过在纤维细胞腔内产生高压水蒸气，基于"爆破"效应，破坏纤维素纤维的结构，改善其纤维形貌。微波处理后纤维素纤维的比表面积、孔隙直径及保水值都有大幅度提升，它们分别从初始纤维的 $1.17\ m^2/g$、$2.4\ nm$ 和 $0.9\ g/g$ 增加到微波纤维的 $2.15\ m^2/g$、$3.8\ nm$ 和 $1.5\ g/g$。微波处理也能够降低纤维素纤维的长度和宽度，增加细小组分含量。此外纤维素的摩尔质量也呈现降低趋势，且纤维素摩尔质量的分布更加均匀。最终，5 min 的微波处理可以制备反应性能为 75%，特性黏度为 $860\ mL/g$ 的高质量纤维素纤维。

参考文献

安兴业,2017. 纳米纤维素复合材料催化剂的制备及应用研究[D]. 天津:天津科技大学.

陈春霞,刘一山,段超,等,2015. 酸性亚硫酸盐与预水解硫酸盐法纤维素纤维生产工艺及产品性能的比较[J]. 中国造纸,34(12):56-62.

陈云,刘一山,王修朋,2011. 混合竹材制备纤维素纤维的工艺试验[J]. 纸和造纸,30(12):16-18.

程栋,2017. 纤维素衍生物在有机薄膜增强和再生复合膜中的应用及机理研究[D]. 天津:天津科技大学.

程雨桐,汪东,袁红梅,等,2020. 不同溶剂溶解制备纤维素溶液及其流变性能[J]. 中国造纸学报,35(1):20-25.

狄宏伟,2014. 中国纤维素纤维行业市场处于不断变化中[J]. 造纸信息,10:76-77.

段超,2016. 纤维素酶处理提升溶解浆品质及其机理研究[D]. 天津:天津科技大学.

黄祖壬,张晗,2011. 纤维素纤维市场概况[J]. 造纸信息,10:28-36.

季柳炎,赵丽君,2015. 国内外纤维素纤维市场现状与趋势[J]. 中华纸业,36(3):41-45.

李海龙,2018. 阔叶木预水解硫酸盐法溶解浆反应性能的改善机制研究[D]. 天津,天津科技大学.

李建国,2016. 酸性亚硫酸盐溶解浆的碱性精炼及其控制机理[D]. 天津:天津科技大学.

李建国,张红杰,雷鸣,等,2013. P-RC APMP浆不同机械筛分级分的纤维特性和成纸性能[J],中国造纸,32(4):27-31.

李亚丽,黄六莲,陈礼辉,等,2017. 纤维素酶处理改善黏胶纤维级溶解浆反应性能的研究[J]. 中国造纸学报32(4):1-4.

刘茜,2021. 再生纤维素基柔性、透明、导电薄膜的制备及导电器件应用[D]. 福建:福建农林大学.

刘茜,李顺,李建国,等,2019. 纤维素/ZnO复合膜的制备及其性能研究[J]. 中国造纸,38(10):1-5.

刘一山,陈春霞,李建国,等,2016. 纤维素纤维的质量要求及其生产技术[J]. 中国造纸,35(2):56-62.

吕卫军,张勇,陈彬,2012. 纤维素纤维的生产技术现状与发展[J]. 中国造纸,31(1):61-66.

裴继诚,2012. 植物纤维化学[M]. 北京:中国轻工业出版社.

沈葵忠,别士霞,刘雯雯,等,2014. 50年来世界纤维素纤维产销量分析及我国纤维素纤维的发展前景预测[J]. 中华纸业,3:56-60.

陶涛,2022. 再生纤维素/AgNWs复合导电膜的制备及性能研究[D]. 福建:福建农林大学.

汪东,2021. 仿生粘合纤维素基聚酰胺抗菌膜的制备及其在饮用水处理中的应用[D]. 福建:福建农林大学.

吴翠玲,李新平,秦胜利,等,2005. 新型有机纤维素溶剂:NMMO的研究[J]. 兰州理工大学学报,31(2):73-76.

吴可佳,王海松,孔凡功,等,2011. 溶解浆生产技术现状及研究进展[J]. 中国造纸,30(8),63-67.

许凤文,2004. 黄化工艺对粘胶品质影响因素的探讨[J]. 人造纤维,4: 4-8.

张智峰,2010. 纤维素改性研究进展[J]. 化工进展,29(8): 1493-1501.

赵月菊,薛燕芬,马延和,2009. β-甘露聚糖酶的结构生物学研究现状和展望[J]. 微生物学报,49(9): 1131-1137.

ANN C E, MONICA E, GUNNAR H, 2006. Improved accessibility and reactivity of dissolving pulp for the viscose process: pretreatment with monocomponent endoglucanase[J]. Biomacromolecules, 7(6): 2027-2031.

ANN-CHARLOTT E M, MONICA E, GUNNAR H, 2006. Improved accessibility and reactivity of dissolving pulp for the viscose process: pretreatment with monocomponent endoglucanase[J]. Biomacromolecules, 7(6): 2027-2031.

ATALLA R H, RANUA J, MALCOLM E W, 1984. Raman-spectroscopic stidies of the structure of cellulose-a comparison of kraft and sulfite pulps[J]. Tappi Journal, 67(2): 96-99.

BACKSTORM M, BRANNVALL E, 1999. Effect of primary fines on cooking and TCF-bleaching[J]. Nordic Pulp and Paper Research Journal, 14(3): 209-213.

BAPTISTA C, BELGACEM N, DUARTE A P, 2004. The effect of surfactants on kraft pulping of Pinus pinaster[J]. Appita Journal, 57(1): 35-39.

BARTHEL S, HEINZE T, 2006. Acylation and carbanilation of cellulose in ionic liquids[J]. Green Chemistry, 8(3): 301-306.

BARTUNEK R, 1953. The reactions, swelling and solution of cellulose in solutions of electrolytes[J]. Das Papier, 7: 153-158.

BATALHA L, COLODETTE J L, GOMIDE J L, et al, 2011. Dissolving pulp production from bamboo[J]. Bioresources, 7(1): 0640-0651.

BLACKBURN R S, 2005. Biodegradable and sustainable fibers[M]. Oxford: Taylor & Francis.

BORREGA M, TOLONEN L K, BARDOT F, et al, 2013. Potential of hot water extraction of birch wood to produce high-purity dissolving pulp after alkaline pulping[J]. Bioresource Technology, 135: 665-671.

BUI H M, LENNINGER M, MANIAN A P, et al, 2008. Treatment in swelling solutions modifying cellulose fiber reactivity-part 2: accessibility and reactivity[J]. Macromolecular Symposia, 262(1): 50-64.

BURANOV A U, MAZZA G, 2010. Extraction and characterization of hemicelluloses from flax shives by different methods[J]. Carbohydrate Polymers, 79(1): 17-25.

BUSCHLE D G, FANTER C, LOTH F, 1995. Effect of cellulase on the pore structure of bead cellulose[J]. Cellulose, 2(3): 179-203.

CAI J, ZHANG L, 2006. Unique gelation behavior of cellulose in NaOH/urea aqueous solution[J]. Biomacromolecules, 7: 183-189.

CARRILLO F, COLOM X, SUÑOL J J, et al, 2004. Structural ftir analysis and thermal characterisation of lyocell and viscose-type fibres[J]. Europe Polymer Journal 40: 2229-2234.

CHEN C I, HANCOCK T D. Process for producing kraft pulp for paper using nonionic surface active agents to improve pulp yield, US4952277[P]. 1990-8-28.

CHEN Y, WANG Y, WAN J, et al, 2010. Crystal and pore structure of wheat straw cellulose fiber during recycling[J]. Cellulose, 17(2): 329-338.

CHRISTOFFERSSON K E, 2004. Dissolving pulp: multivariate characterization and analysis of reactivity and spectroscopic properties[J]. Sweden, Umeå: Umeå University.

CHRISTOV L P, PRIOR B A, 1993. Xylan removal from dissolving pulp using enzymes of Aureobasidium pullulans[J]. Biotechnology Letters, 15(12): 1269-1274.

CHRISTOV L P, PRIOR B A, 1996. Repeated treatments with Aureobasidium pullulans hemicellulases and alkali enhance biobleaching of sulphite pulps[J]. Enzyme and Microbial Technology, 18(4): 244-250.

COOPER P A, 1996. Rate of swelling of vacuum-impregnated wood[J]. Wood and Fiber Science, 28(1): 28-38.

CUISSINAT C, NAVARD P, 2006. Swelling and dissolution of cellulose part II: free floating cotton and wood fibres in NaOH-water-additives systems[J]. Macromolecular Symposia, 244: 19-30.

DASHTBAN M, GILBERT A, FATEHI P, 2014. A combined adsorption and flocculation process for producing lignocellulosic complexes from spent liquors of neutral sulfite semichemical pulping process[J]. Bioresource Technology, 159: 373-379.

DAVID I, VIVIANA K P, PER TOMAS L, et al, 2010. Combination of alkaline and enzymatic treatments as a process for upgrading sisal paper-grade pulp to dissolving-grade pulp[J]. Bioresource Technology, 101(19): 7416-7423.

DOBBINS R, 1970. Role of water on cellulose-solution interactions[J]. Tappi Journal, 53(12): 2284-2288.

DOGAN H, HILMIOGLU N D, 2009. Dissolution of cellulose with NMMO by microwave heating[J]. Carbohydrate Polymers, 75(75): 90-94.

DUAN C, QIN X Y, WANG X Q, et al, 2019. Simultaneous mechanical refining and phosphotungstic acid catalysis for improving the reactivity of kraft-based dissolving pulp[J]. Cellulose, 26: 5685-5694.

DUAN C, LI J, MA X, et al, 2015. Comparison of acid sulfite (AS)-and prehydrolysis kraft (PHK)-based dissolving pulps[J]. Cellulose, 22(6): 4017-4026.

DUAN C, VERMA S K, LI J, et al, 2016. Viscosity control and reactivity improvements of cellulose fibers by cellulase treatment[J]. Cellulose, 23(1): 269-276.

DUAN C, VERMA SK, LI J, et al, 2016. Combination of mechanical, alkaline and enzymatic treatments to upgrade paper-grade pulp to dissolving pulp with high reactivity[J]. Bioresource Technology, 200: 458-463.

DUGGIRALA P Y, 1999. Evaluation of surfactant technology for bleachable and high yield hardwood kraft pulps[J]. Appita Journal, 52(4): 305-311.

DUGGIRALA P Y, 1999. Evaluation of surfactants as digester additives for kraft softwood pulping[J]. Tappi Journal, 82(11): 121-127.

ERIKSSON T, BÖRJESSON J, TJERNELD F, 2002. Mechanism of surfactant effect in enzymatic hydrolysis of lignocellulose[J]. Enzyme and Microbial Technology, 31(3): 353-364.

ERRANO-RUIZ J C, WEST R M, DUMESIC J A, 2010. Catalytic conversion of renewable biomass resources to fuels and chemicals[J]. Annual Review of Chemical and Biomolecular Engineering, 1: 79-100.

FAN Y, GARESHORE I S, SALCUDEAN M E, 2006. A general kraft pulping reaction model[J]. Appita Journal, 59(3): 237-241.

FANIS B, YEAN W, GORING D, 1984. Molecular weight of lignin fractions leached from nnbleached kraft pulp fibers[J]. Journal of Wood Chemistry and Technology, 4(3): 313-320.

FATEHI P, 2013. Production of biofuels from cellulose of woody biomass[J]. Cellulose-Biomass Conversion, 10(5772): 46-74.

FATEHI P, RYAN J, NI Y, et al, 2013. Adsorption of lignocelluloses of model pre-hydrolysis liquor on activated carbon[J]. Bioresource Technology, 131: 308-314.

FINK H P, WEIGEL P, GANSTER J, et al, 2004. Evaluation of new organosolv dissolving pulps. Part II: Structure and NMMO processability of the pulps[J]. Cellulose, 11(1): 85-98.

FINK H P, WEIGEL P, PURZ H J, et al, 2001. Structure formation of regenerated cellulose materials from NMMO-solutions[J]. Progress in Polymer Science, 26(9): 1473-1524.

FISCHER K, SCHMIDT I, FISCHER S, 2009. Reactivity of dissolving pulp for processing viscose[J]. Macromolecular Symposia, 280(1): 54-59.

FOCK W, 1959. A modified method for determining the reactivity of viscose-grade dissolving pulps[J]. Papier, 13: 92-95.

FU B, CHEN M, LI Q, et al, 2018. Non-equilibrium thermodynamics approach for the coupled heat and mass transfer in microwave drying of compressed lignite sphere[J]. Applied Thermal Engineering, 133: 237-247.

FU J, LI X, GAO W, et al, 2012. Bio-processing of bamboo fibres for textile applications: a mini review[J]. Biocatalysis and Biotransformation, 30(1): 141-153.

GABRIELII I, GATENHOLM P, GLASSER W G, et al, 2000. Separation, characterization and hydrogel-formation of hemicellulose from aspen wood[J]. Carbohydrate Polymers, 43(4): 367-374.

GEHMARY V, SCHILD G, SIXTA H, 2011. A precise study on the feasibility of enzyme treatments of a kraft pulp for viscose application[J]. Cellulose, 18: 479-491.

GEHMAYR V, POTTHAST A, SIXTA H, 2012. Reactivity of dissolving pulps modified by TEMPO-mediated oxidation[J]. Cellulose, 19(4): 1125-1134.

GEHMAYR V, SIXTA H, 2012. Pulp properties and their influence on enzymatic degradability[J]. Biomacromolecules, 13(3): 645-651.

GRÖNQVIST S, HAKALA T, KAMPPURI T, et al, 2014. Fibre porosity development of dissolving pulp during mechanical and enzymatic processing[J]. Cellulose, 21(5): 3667-3676.

GÜBITZ G M, STEBBING D W, JOHANSSON C I, et al, 1998. Lignin-hemicellulose complexes restrict enzymatic solubilization of mannan and xylan from dissolving pulp[J]. Applied Microbiology and Biotechnology, 50(3): 390-395.

GÜBITZ GM, LISCHNIG T, STEBBING D, et al, 1997. Enzymatic removal of hemicellulose from dissolving pulps[J]. Biotechnology Letters, 19(5): 491-495.

HAKALA T K, TIINA L, ANNA S, 2013. Enzyme-aided alkaline extraction of oligosaccharides and polymeric xylan from hardwood kraft pulp[J]. Carbohydrate Polymers, 93(1): 102-108.

HANNUKSELA T, TENKANEN M, HOLMBOM B, 2002. Sorption of dissolved galactoglucomannans and galactomannans to bleached kraft pulp[J]. Cellulose, 9(9): 251-261.

HARADA H, WARDROP A B, 1960. Cell wall structure of ray parenchyma cells of a softwood[J]. Journal of the Japan Wood Research Society, 6: 34-41.

HENRIKSSON G, CHRISTIENIN M, AGNEMO R, 2005. Monocomponent endoglucanase treatment increases the reactivity of softwood sulphite dissolving pulp[J]. Journal of Industrial Microbiology and Biotechnology, 32(5): 211-214.

HIMMEL M E, DING S Y, JOHNSON D K, et al, 2007. Biomass recalcitrance: engineering plants and enzymes for biofuels production[J]. Science, 315(5813): 804-807.

HIU L, LIU Z, Ni Y, et al, 2009. Characterization of high-yield pulp (HYP) by the solute exclusion technique[J]. Bioresource Technology, 100(24): 6630-6634.

HOFFMANN G, TIMELL T, 1972. Polysaccharides in ray cells of compression wood of red pine (Pinus resinosa)[J]. Tappi Journal, 55(6): 871-873.

HON D N S, SHIRAISHI N, 2001. Wood and cellulosic chemistry[M]. New York: Marcel Dekker Inc.

HON N S, 2001. Wood and cellulosic chemistry[J]. Polymer Degradation and Stability, 73(3): 567-569.

HU Z H, WEN Z Y, 2008. Enhancing enzymatic digestibility of switchgrass by microwave-assisted alkali pretreatment[J]. Biochemical Engineering Journal, 38(3): 369-378.

HYATT J A, FENGL R W, EDGAR K J, et al, 2000. Process for the co-production of dissolving-grade pulp and xylan: US6057438[P].

IBARRA D, KÖPCKE V, EK M, 2009. Exploring enzymatic treatments for the production of dissolving grade pulp from different wood and non-wood paper grade pulps[J]. Holzforschung, 63(6): 721-730.

IBARRA D, KÖPCKE V, LARSSON P T, et al, 2010. Combination of alkaline and enzymatic treatments as a process for upgrading sisal paper-grade pulp to dissolving-grade pulp[J]. Bioresources Technology, 101: 7416-7423.

INGILDEEV D, EFFENBERGER F, BREDERECK K, et al, 2013. Comparison of direct solvents for regenerated cellulosic fibers via the lyocell process and by means of ionic liquids[J]. Journal of Applied Polymer Science, 128(6): 4141-4150.

INGRUBER OV, KOCUREK MJ, WONG A, 1985. Pulp and paper Manufacture. Vol. 4 Sulfite science & technology[M]. Germany, Berlin, Springer link.

INTANAKUL P, KRAIRIKSH M, KITCHAIYA P, 2003. Enhancement of enzymatic hydrolysis of lignocellulosic wastes by microwave pretreatment under atmospheric pressure[J]. Journal of Wood Chemistry and Technology, 23(2): 217-225.

JACOBS A, DAHLMAN O, 2001. Characterization of the molar masses of hemicelluloses from wood and pulps employing size exclusion chromatography and matrix-assisted laser desorption ionization time-of-flight mass spectrometry[J]. Biomacromolecules, 2(3): 894-905.

JAHAN M S, SAEED A, HE Z, et al, 2011. Jute as raw material for the preparation of microcrystalline cellulose[J]. Cellulose, 18(2): 451-459.

JANZON R, PULS J, BOHN A, et al, 2008. Upgrading of paper grade pulps to dissolving pulps by nitren extraction: yields, molecular and supramolecular structures of nitren extracted pulps[J]. Cellulose, 15(5): 739-750.

JANZON R, PULS J, SAAKE B, 2006. Upgrading of paper-grade pulps to dissolving pulps by nitren extraction: optimisation of extraction parameters and application to different pulps[J]. Holzforschung, 60(4): 347-354.

JANZON R, SAAKE B, PULS J, 2008. Upgrading of paper-grade pulps to dissolving pulps by nitren extraction: properties of nitren extracted xylans in comparison to NaOH and KOH extracted xylans[J]. Cellulose, 15

(1): 161-175.

JEREMIC D, QUIJANO S C, COOPER P, 2009. Diffusion rate of polyethylene glycol into cell walls of red pine following vacuum impregnation[J]. Cellulose, 16(2): 339-348.

JIN H, ZHA C, GU L, et al, 2007. Direct dissolution of cellulose in NaOH/thiourea/urea aqueous solution[J]. Carbohydrate Polymers, 342: 851-858.

KALLMES O, 1960. The distribution of the constituents across the wall of unbleached spruce sulfite fibers [J]. Tappi Journal, 43(2): 143-153.

KANSOH A L, NAGIED Z A, 2004. Xylanase and mannanase enzymes from Streptomyces galbus NR and their use in biobleaching of softwood kraft pulp[J]. Antonie Van Leeuwenhoek, 85(2): 103-114.

KARLSSON O, WESTERMARK U, 1997. The significance of glucomannan for the condensation of cellulose and lignin under kraft pulping conditions[J]. Nordic Pulp and Paper Research Journal, 12(3): 203-206.

KERR A J, GORING D A I, 1975. The role of hemicellulose in the delignification of wood[J]. Canadian Journal of Chemistry, 53(6): 952-959.

KIBBLEWHITE R P, BROOKES D, 1976. Distribution of chemical components in the walls of kraft and bisulphite pulp fibres[J]. Wood Science and Technology, 10(1): 39-46.

KITANI Y, OHSAWA J, NAKATO K, 1970. Adsorption of polyethylene glycol on water-swollen wood versus molecular weight[J]. Journal of the Japan Wood Research Society, 16(7): 326-333.

KURT J, KARL S. Apparatus for making continuous sliver of rayon staple fibers, US2259697[P]. 1941-21-10.

KÖPCKE V, 2008. Improvement on cellulose accessibility and reactivity of different wood pulps[D]. Stockholm: Royal Institute of Technology.

KÖPCKE V, IBARRA D, LARSSON T, et al, 2010. Optimization of treatments for the conversion of eucalyptus kraft pulp to dissolving pulp[J]. Polymers from Renewable Resources, 1(1): 17-34.

LAWFORD H G, ROUSSEAU J D, 1993. Production of ethanol from pulp mill hardwood and softwood spent sulfite liquors by genetically engineered E. coli[J]. Applied Biochemistry and Biotechnology, 39-40(1): 667-685.

LEL M, ZHANG H, LI J, et al, 2013. Characteristics of poplar preconditioning followed by refining chemical treatment alkaline peroxide mechanical pulp fiber fractions and their effects on formation and properties of high-yield pulp containing paper[J]. Industrial and Engineering Chemistry Research, 52(11): 4083-4088.

LI H, SAEED A, JAHAN M S, et al, 2010. Hemicellulose removal from hardwood chips in the Pre-hydrolysis step of the kraft-based dissolving pulp production process[J]. Journal of Wood Chemistry and Technology, 30 (1): 48-60.

LI H, ZHANG H, LI J, et al, 2014. Comparison of interfiber bonding ability of different Poplar P-RC Alkaline Peroxide Mechanical Pulp (APMP) fiber fractions[J]. Bioresources, 9(4): 6019-6027.

LI J, ZHANG S, LI H, et al, 2018. A new approach to improve dissolving pulp properties: spraying cellulase on rewetted pulp at a high fiber consistency[J]. Cellulose, 25: 6989-7002.

LI J, CHEN C, ZHU J, et al, 2021. In Situ Wood Delignification toward Sustainable Applications[J]. Accounts of Materials Research, 2(8): 606-620.

LI J, LIU Y, DUAN C, et al, 2015. Mechanical pretreatment improving hemicelluloses removal from cellulosic fibers during cold caustic extraction[J]. Bioresource Technology, 192: 501-506.

LI J, MA X, DUAN C, et al, 2016. Enhanced removal of hemicelluloses from cellulosic fibers by poly (ethylene glycol) during alkali treatment[J]. Cellulose, 23(1): 231-238.

LI J, ZHANG H, DUAN C, et al, 2015. Enhancing hemicelluloses removal from a softwood sulfite pulp [J]. Bioresource Technology, 192: 11-16.

LI J, ZHANG H, LI J, et al, 2015. Fiber characteristics and bonding strength of Poplar Refiner-Chemical Preconditioned Alkaline Peroxide Mechanical pulp fractions[J]. Bioresources, 10(2): 3702-3712.

LI J, ZHANG S, LI H, et al, 2017. Cellulase pretreatment for enhancing cold caustic extraction-based separation of hemicelluloses and cellulose from cellulosic fibers[J]. Bioresources Technology, 251: 1-6.

LI Q, GAO Y, WANG H, et al, 2012. Comparison of different alkali-based pretreatments of corn stover for improving enzymatic saccharification[J]. Bioresource Technology, 125: 193-199.

LI Z, CHEN C, MI R, et al, 2020. A Strong, Tough, and Scalable Structural Material from Fast-Growing Bamboo[J]. Advanced Materials, 32: 1906308-1906315.

LI Z, CHEN C, XIE H, et al, 2022. Sustainable high-strength macrofibres extracted from natural bamboo [J]. Nature Sustainability, 3: 235-244.

LIANG X, GUO Y, GU L, et al, 1995. Crystalline-amorphous phase transition of poly(ethylene Glycol)/cellulose blend[J]. Macromolecules, 28(19): 6551-6555.

LIU H, HU H, JAHAN M S, et al, 2013. Furfural formation from the pre-hydrolysis liquor of a hardwood kraft-based dissolving pulp production process[J]. Bioresource Technology, 131(11): 315-320.

LIU K, XU Y, LIN X, et al, 2014. Synergistic effects of guanidine-grafted CMC on enhancing antimicrobial activity and dry strength of paper[J]. Carbohydrate Polymers, 110(38): 382-387.

LIU S, HE H, FU X, et al, 2019. Tween 80 enhancingcellulasic activation of hardwood kraft-based dissolving pulp[J]. Industrial Crops and Products, 137: 144-148.

LIU X, FATEHI P, NI Y, et al, 2011. Adsorption of lignocelluloses dissolved in prehydrolysis liquor of kraft-based dissolving pulp process on xidized activated carbons[J]. Industrial and Engineering Chemistry Research, 50(20): 11706-11711.

LIU Y, LIU Y, WANG Z, et al, 2013. Alkaline hydrolysis kinetics modeling of bagasse pentosan dissolution[J]. Bioresources, 9(1): 445-454.

LIU Z, FATEHI P, SADEGHI S, et al, 2011. Application of hemicelluloses precipitated via ethanol treatment of pre-hydrolysis liquor in high-yield pulp[J]. Bioresource Technology, 102(20): 9613-9618.

LIU Z, PERDRAM F, JAHAN M S, et al, 2011. Separation of lignocellulosic materials by combined processes of pre-hydrolysis and ethanol extraction[J]. Bioresource Technology, 102(2): 1264-1269.

LIU Z, SUN X, HAO M, et al, 2015. Preparation and characterization of regenerated cellulose from ionic liquid using different methods[J]. Carbohydrate Polymers, 117: 99-105.

LUTERBACHER J S, 2014. A pore-hindered diffusion and reaction model can help explain the importance of pore size distribution in enzymatic hydrolysis of biomass[J]. Biotechnology and Bioengineering, 111(12): 2587-2588.

MA C, MA M G, LI Z W, et al, 2018. Nanocellulose Composites-Properties and Applications[J]. Paper and Biomaterials, 3(2): 1-5.

MA H, LIU W, CHEN X, et al, 2009. Enhanced enzymatic saccharification of rice straw by microwave pretreatment[J]. Bioresource Technology, 100(3): 1279-1284.

MA X, YANG X, ZHENG X, et al, 2014. Degradation and dissolution of hemicelluloses during bamboo hydrothermal pretreatment[J]. Bioresource Technology, 161: 215-220.

MA X, ZHENG X, ZHANG M, et al, 2014. Electron beam irradiation of bamboo chips: degradation of cellulose and hemicelluloses[J]. Cellulose, 21(6): 3865-3870.

MAGDZINSKI L, 2006. Tembec temiscaming integrated biorefinery[J]. Pulp and Paper Canada, 107(6): 147-149.

MALONEY T C, PAULAPURO H, 1999. The formation of pores in the cell wall[J]. Journal of Pulp and Paper Science, 25(12): 430-436.

MANSFIELD S D, WONG K K Y, DE J E, et al, 1996. Xylanase prebleaching of fractions of Douglas-fir kraft pulp of different fibre length[J]. Applied Microbiology and Biotechnology, 46: 319-326.

MENG X, RAGAUSKAS A J, 2014. Recent advances in understanding the role of cellulose accessibility in enzymatic hydrolysis of lignocellulosic substrates[J]. Current opinion in biotechnology, 27: 150-158.

MIAO Q, CHEN L, HUANG L, et al, 2014. A process for enhancing the accessibility and reactivity of hardwood kraft-based dissolving pulp for viscose rayon production by cellulase treatment[J]. Bioresource Technology, 154: 109-113.

MIAO Q, TIAN C, CHEN L, et al, 2015. Combined mechanical and enzymatic treatments for improving the Fock reactivity of hardwood kraft-based dissolving pulp[J]. Cellulose, 22(1): 803-809.

MOIGNE N L, JARDEBY K, NAVARD P, 2010. Structural changes and alkaline solubility of wood cellulose fibers after enzymatic peeling treatment[J]. Carbohydrate Polymers, 79(2): 325-332.

MONDAL K, ROY I, GUPTA M N, 2004. Enhancement of catalytic efficiencies of xylanase, pectinase and cellulase by microwave pretreatment of their substrates[J]. Biocatalysis and Biotransformation, 22(1): 9-16.

MONTANARI S, ROUMANI M, LAURENT-HEUX A, et al, 2005. Topochemistry of carboxylated cellulose nanocrystals resulting from TEMPO-mediated oxidation[J]. Macromolecules, 38(5): 1665-1671.

PAGE D H, 1983. The origin of the differences between sulfite and kraft pulps[J]. Pulp and Paper-Canada, 84(3): 15-20.

PAICE M, JURASEK L, 1984. Removing hemicellulose from pulps by specific enzymic hydrolysis[J]. Journal of Wood Chemistry and Technology, 4(2): 187-198.

PALM M, ZACCHI G, 2003. Extraction of hemicellulosic oligosaccharides from spruce using microwave oven or steam treatment[J]. Biomacromolecules, 4(3): 617-623.

PANTHAPULAKKAL S, KIRK D, SAIN M, 2015. Alkaline extraction of xylan from wood using microwave and conventional heating[J]. Journal of Applied Polymer Science, 132(4).

PANTHAPULAKKAL S, PAKHARENKO V, SAIN M, 2013. Microwave assisted short-time alkaline extraction of birch xylan[J]. Journal of Polymers and the Environment, 21: 917-929.

PEDRAM F, HAMDAN F, NI Y, et al, 2013. Adsorption of lignocelluloses of pre-hydrolysis liquor on calcium carbonate to induce functional filler[J]. Carbohydrate Polymers, 94(94): 531-538.

PERILA O, 1961. The chemical composition of carbohydrates of wood cells[J]. Journal of Polymer Science, 51(155): 19-26.

PERIYASAMY A P, KHANUM M R, 2012. Effect of fibrillation on pilling tendency of Lyocell fiber[J]. Bangladesh Textile Today, 4: 31-39.

PULS J, JANZON R, SAAKE B, et al, 2006. Comparative removal of hemicelluloses from paper pulps using nitren. cune, NaOH and KOH[J]. Lenzinger Berichte, 86: 63-70.

RAHKAMO L, SIIKA-AHO M, VEHVILÄINEN M, et al, 1996. Modification of hardwood dissolving pulp with purified Trichoderma reesei cellulases[J]. Cellulose, 3(1): 153-163.

RAHKAMO L, SIIKA-AHO M, VIIKARI L, et al, 1998. Effects of cellulases and hemicellulase on the alkaline solubility of dissolving pulps[J]. Holzforschung, 52(6): 630-634.

RAHKAMO L, VIIKARI L, BUCHERT J, et al, 1998. Enzymatic and alkaline treatments of hardwood dissolving pulp[J]. Cellulose, 5(2): 79-88.

RASSOLOV O P, FINGER G G, 1981. Effect of alkali cellulose composition and xanthation temperature on the maximum possible degree of esterification of cellulose xanthate[J]. Fibre Chemistry, 13(4): 238-240.

RYUJI S, TSUGUYUKI S, YUSUKE O, et al, 2012. Relationship between length and degree of polymerization of TEMPO-oxidized cellulose nanofibrils[J]. Biomacromolecules, 13(3): 842-849.

SAEED A, FATEHI P, NI Y, et al, 2011. Chitosan as a flocculant for pre-hydrolysis liquor of kraft-based dissolving pulp production process[J]. Carbohydrate Polymers, 86(4): 1630-1636.

SAKA S, MATSUMURA H, 2004. Wood pulp manufacturing and quality characteristics [M]. New Jersey: John Wiley and Sons.

SANTOS N M, PULS J, SAAKE B, et al, 2013. Effects of nitren extraction on a dissolving pulp and influence on cellulose dissolution in NaOH-water[J]. Cellulose, 20(20): 2013-2026.

SCHILD G, SIXTA H, 2011. Sulfur-free dissolving pulps and their application for viscose and lyocell[J]. Cellulose, 18(4): 1113-1128.

SCHILD G, SIXTA H, TESTOVA L, et al, 2010. Multifunctional alkaline pulping, delignification and hemicellulose extraction[J]. Cellulose Chemistry and Technology, 44(44): 35-45.

SEREBRYAKOVA Z G, TOKAREVA L G, 1996. Surfactants and modifiers in production of viscose fibres [J]. Fibre Chemistry, 28(2): 91-94.

SERKOV A A, FINGER G G, KLINOVA S N, 1980. Wet xanthation of the alkali cellulose[J]. Fibre Chemistry, 11(6): 473-475.

SERRANO-RUIZ J C, WEST R M, DUMESIC J A, 2010. Catalytic conversion of renewable biomass resources to fuels and chemicals[J]. Annual Review of Chemical and Biomolecular Engineering, 1: 79-100.

SESCOUSSE R, GAVILLON R, BUDTOVA T, 2011. Aerocellulose from cellulose-ionic liquid solutions: preparation, properties and comparison with cellulose-NaOH and cellulose-NMMO routes[J]. Carbohydrate Polymers, 83(4): 1766-1774.

SHEN J, FATEHI P, SOLEIMANI P, et al, 2011. Recovery of lignocelluloses from pre-hydrolysis liquor in the lime kiln of kraft-based dissolving pulp production process by adsorption to lime mud[J]. Bioresource Technology, 102(21): 10035-10039.

SHEN J, KAUR I, BAKTASH M M, et al, 2013. A combined process of activated carbon adsorption, ion exchange resin treatment and membrane concentration for recovery of dissolved organics in pre-hydrolysis liquor of the kraft-based dissolving pulp production process[J]. Bioresource Technology, 127(1): 59-65.

SINCLAIR R, 2014. Textiles and Fashion: Materials, Design and Technology[M]. Amsterdam: Elsevier.

SIXTA H, 2006. Handbook of pulp[M]. New Jersey: John Wiley and Sons.

SIXTA H, HARMS H, DAPIA S, et al, 2014. Evaluation of new organosolv dissolving pulps. Part I: Preparation, analytical characterization and viscose processability[J]. Journal of Steroid Biochemistry and Molecular Biology, 44(7): 1633-1639.

SIXTA H, IAKOVLEV M, TESTOVA L, et al, 2013. Novel concepts of dissolving pulp production[J]. Cellulose, 20(4): 1547-1561.

SJOBERG J, POTTHAST A, ROSENAU T, et al, 2005. Cross-sectional analysis of the polysaccharide composition in cellulosic fiber materials by enzymatic peeling/high-performance capillary zone electrophoresis[J]. Biomacromolecules, 6(6): 3146-3151.

SORRELL S, SPEIRS J, BENTLEY R, 2010, et al. Global oil depletion: A review of the evidence[J]. Energy Policy, 38(9): 5290-5295.

STEPANOVA G A, PAKSHVER A B, KALLER A L, 1982. Acceleration of the xanthation process of alkali cellulose[J]. Fibre Chemistry, 14(1): 27-29.

STONE J E, SCALLAN A M, 1965. Effect of component removal upon the porous structure of the cell wall of wood[C]//Journal of Polymer Science Part C: Polymer Symposia. New York: Wiley Subscription Services, Inc., A Wiley Company, 11(1): 13-25.

STRUNK P, 2012. Characterization of cellulose pulps and the influence of their properties on the process and production of viscose and cellulose ethers[D]. Umeå: Umeå University.

STRUNK P, ELIASSON B, LINDGREN A, et al, 2012. Properties of cellulose pulps and their influence on the production of a cellulose ether[J]. Nordic Pulp and Paper Research Journal, 27(27): 24-34.

STRUNK P, LINDGREN Å, AGNEMO B, et al, 2012. Chemical changes of cellulose pulps in the processing to viscose dope[J]. Cellulose Chemistry and Technology, 46(9-10): 559-569.

SUURNAKKI A, HEIJNESSON A, BUCHERT J, et al, 1996. Location of xylanase and mannanase action in kraft fibres[J]. Journal of Pulp and Paper Science, 22(3): 78-83.

SUURNÄKKI A, LI T, BUCHERT J, et al, 1997. Effects of enzymatic removal of xylan and glucomannan on the pore size distribution of kraft fibres[J]. Holzforschung, 51(1): 27-33.

SUURNÄKKI A, TENKANEN M, BUCHERT J, et al, 1997. Hemicellulases in the bleaching of chemical pulps[M]. Berlin: Springer link.

SYRUNK P, 2012. Characterization of cellulose pulps and the influence of their properties on the process and production of viscose and cellulose ethers[D]. Umeå: Umeå University.

THODE E F, SWANSON J W, BECHER J J, 1958. Nitrogen adsorption of solvent-exchanged wood cellulose fibers: indications of "total" surface area and pore size distribution[J]. The Journal of Physical Chemistry, 62(9): 1036-1039.

TIAN C, ZHENG L, MIAO Q, et al, 2013. Improvement in the Fock test for determining the reactivity of dissolving pulp[J]. Tappi Journal, 12: 21-26.

TIAN C, ZHENG L, MIAO Q, et al, 2014. Improving the reactivity of kraft-based dissolving pulp for viscose rayon production by mechanical treatments[J]. Cellulose, 21(5): 3647-3654.

TSUGUYUKI S, SATOSHI K, YOSHIHARU N, et al, 2007. Cellulose nanofibers prepared by TEMPO-mediated oxidation of native cellulose[J]. Biomacromolecules, 8(8): 2485-2491.

TSUGUYUKI S, YOSHIHARU N, JEAN-LUC P, et al, 2006. Homogeneous suspensions of individualized microfibrils from TEMPO-catalyzed oxidation of native cellulose[J]. Biomacromolecules, 7(6): 1687-1691.

TURBAK A F, SNYDER F W, SANDBERG K R. Microfibrillated cellulose, US4483743[P]. 1983-11-20.

VILA C, SANTOS V, PARAJÓ J C, 2004. Dissolving pulp from TCF bleached Acetosolv beech pulp[J]. Journal of Chemical Technology and Biotechnology, 79(10): 1098-1104.

WANG H, PANG B, WU K, et al, 2013. Two stages of treatments for upgrading bleached softwood paper grade pulp to dissolving pulp for viscose production[J]. Biochemical Engineering Journal, 82(3): 183-187.

WANG Q, LIU S, YANG G, et al, 2015. Cationic polyacrylamide enhancing cellulase treatment efficiency of hardwood kraft-based dissolving pulp[J]. Bioresource Technology, 183: 42-46.

WANG Q, LIU S, YANG G, et al, 2015. High consistency cellulase treatment of hardwood prehydrolysis kraft based dissolving pulp[J]. Bioresource Technology, 189: 413-416.

WANG X, DUAN C, ZHAO C, et al, 2018. Heteropoly acid catalytic treatment for reactivity enhancement and viscosity control of dissolving pulp[J]. BioresourceTechnology, 253: 182-187.

WOLLBOLDT R P, ZUCKERSTÄTTER G, WEBER H K, et al, 2010. Accessibility, reactivity and supramolecular structure of E. globulus pulps with reduced xylan content[J]. Wood Science and Technology, 44(4): 533-546.

YANG J, ZHANG X M, XU F, 2015. Design of cellulose nanocrystals template-assisted composite hydrogels: insights from static to dynamic alignment[J]. Macromolecules, 48(4): 1231-1239.

YANG L, LIU S, 2005. Kinetic model for kraft pulping process[J]. Industrial and Engineering Chemistry Research, 44(18): 7078-7085.

YANG Q, QI H, LUE A, et al, 2011. Role of sodium zincate on cellulose dissolution in NaOH/urea aqueous solution at low temperature[J]. Carbohydrate Polymers, 83: 1185-1191.

YANG X, CRANSTON E D, 2014. Chemically cross-linked cellulose nanocrystal aerogels with shape recovery and superabsorbent properties[J]. Chemistry of Materials, 26: 6016-6025.

YUAN H, HAO R, SUN H, et al, 2022. Engineered Janus cellulose membrane with the asymmetric-pore structure for the superhigh-water flux desalination[J]. Carbohydrate Polymers, 291: 119601-119605.

ZHANG H, YANG X, WANG Y, 2011. Microwave assisted extraction of secondary metabolites from plants: Current status and future directions[J]. Trends in Food Science & Technology, 22(12): 672-688.

ZHANG S, LI F, YU J, et al, 2010. Dissolution behaviour and solubility of cellulose in NaOH complex solution[J]. Carbohydrate Polymers, 81: 668-674.

ZHANG Y, SHAO H, WU C, et al, 2001. Formation and characterization of cellulose membranes from N-Methylmorpholine-N-oxide solution[J]. Macromolecular Bioscience, 1(4): 141-148.

ZHAO X, CHEN Y, JIANG X, et al, 2013. The thermodynamics study on the dissolution mechanism of cellobiose in NaOH/urea aqueous solution[J]. Journal of Thermal Analysis and Calorimetry, 111: 891-896.

ZHU J, PAN X, WANG G, et al, 2009. Specific surface to evaluate the efficiencies of milling and pretreatment of wood for enzymatic saccharification[J]. Chemical Engineering Science, 64(3): 474-485.

ZHU S D, WU Y X, YU Z, et al, 2005. Pretreatment by microwave/alkali of rice straw and its enzymic hydrolysis[J]. Process biochemistry, 40(9): 3082-3086.

ZHU S D, WU Y X, YU Z, et al, 2006. Microwave-assisted alkali pre-treatment of wheat straw and its enzymatic hydrolysis[J]. Biosystems Engineering, 94(3): 437-442.

ZHU S, WU Y, CHEN Q, et al, 2006. Dissolution of cellulose with ionic liquids and its application: a mini-review[J]. Green Chemistry, 37(30): 325-327.

ÖSTBERG L, SCHENZEL K, LARSSON P T, 2014. Enzyme pretreatment of dissolving pulp as a way to improve the following dissolution in NaOH/ZnO[J]. Holzforschung, 68(4): 385-391.

ENTÜRK S B, KAHRAMAN D, ALKAN C, et al, 2011. Biodegradable PEG/cellulose, PEG/agarose and PEG/chitosan blends as shape stabilized phase change materials for latent heat energy storage[J]. Carbohydrate Polymers, 84(1): 141-144.